离网光伏系统设计与检测

屈柏耿　孙韵琳　编　著

北京理工大学出版社
BEIJING INSTITUTE OF TECHNOLOGY PRESS

图书在版编目（CIP）数据

离网光伏系统设计与检测/屈柏耿，孙韵琳编著．—北京：北京理工大学出版社，2018.12

ISBN 978 - 7 - 5682 - 6533 - 1

Ⅰ.①离…　Ⅱ.①屈…②孙…　Ⅲ.①太阳能光伏发电 - 电力系统 - 系统设计②太阳能光伏发电 - 电力系统 - 检测　Ⅳ.①TM615

中国版本图书馆 CIP 数据核字（2018）第 280414 号

出版发行／北京理工大学出版社有限责任公司

社　　　址／北京市海淀区中关村南大街 5 号

邮　　　编／100081

电　　　话／（010）68914775（总编室）

　　　　　　（010）82562903（教材售后服务热线）

　　　　　　（010）68948351（其他图书服务热线）

网　　　址／http：//www.bitpress.com.cn

经　　　销／全国各地新华书店

印　　　刷／河北盛世彩捷印刷有限公司

开　　　本／787 毫米×1092 毫米　1/16

印　　　张／10　　　　　　　　　　　　　　　　　　责任编辑／张鑫星

字　　　数／235 千字　　　　　　　　　　　　　　　　文案编辑／张鑫星

版　　　次／2018 年 12 月第 1 版　2018 年 12 月第 1 次印刷　　责任校对／周瑞红

定　　　价／35.00 元　　　　　　　　　　　　　　　　责任印制／施胜娟

序言 Preface

光伏技术与产业发源于欧美，美国、日本与德国曾经轮番占据过世界光伏产业的制高点。在20世纪八九十年代，我国仅仅有几家MW级太阳电池生产企业，但从21世纪初起，我国光伏产业开始迅速发展起来。正是在这个世纪交汇点，我先是在中国科学院广州能源研究所，后来到中山大学组建光伏技术研究团队。本想在中山大学率先开办一个光伏本科专业，但虽经再三努力没有实现，后来只得专注于光伏专业的研究生培养。从2012年开始，教育部鼓励开办新能源本科专业教学，当时全国有十多所高校获得开办资格。教育部有关部门在上海华东理工大学举办专门会议，还让我去做报告，讲如何开展新能源专业本科教学。后来多个学校派老师到我们研究所进修，如新余学院、宜春学院、青海师大、兰州城市学院、乐山职院、乐山师院、茂名学院、韩江师院、佛山职院等，多位教师经过一年左右时间进修，回原单位开办新能源专业，实际上多数开展的就是光伏专业大专和本科生教学。一些职业技术学院专业设置更加灵活，根据光伏产业的发展需求，开办的专业多达四五个。

屈柏耿就是来我们研究所进修的佛山职院的教师。当时佛山职院正在筹办光伏方向专科教学，可能是作为前期准备，学院选派他来。屈老师2011年2月来到研究所，当时考虑他的专业背景，我们安排他同时在顺德研究院的电站研究部参与有关科研项目。他在电学方面有很好的基础，特别对光伏应用系统感兴趣。为了有利于进修，我们安排相关课题供他选择，同时也让他按照自己的兴趣，选择一些课题研究。后来由于工作忙，我对他关照不多，但还是听到一些同事谈起他，说他工作非常努力，肯动脑筋，经常会出一些好的主意。他利用在我们研究院工作期间，申报了一项专利。他学习很刻苦，参与电站研究部多项工作，给我们留下很好的印象。

后来他回到佛山职院工作，还继续与我们研究所保持联系。他一边开展教学工作，一边还在做些技术研发工作，也与我们顺德太阳能研究院保持非常密切的合作关系。前不久他突然来电话，告诉我他编写了一本关于离网光伏系统设计与应用方面的教材，已经经过多届学生的试用，书稿的大部分都是他自己撰写的，结合具体事例分析讨论，实用性很强。该书内容丰富，从太阳能资源、离网光伏特点，储能系统、光伏系统设计，到具体应用案例等，比较完整地涵盖了离网光伏系统的主要技术部分。

该书图文并茂，深入浅出，适合作为高职院校教材，也适合光伏技术人员或光伏技术爱好者选用。我很高兴能为这本书写序言，也借此机会推荐大家选用这本书。

沈辉于广州南国奥园

前言
Preface

　　2016 年的年底，本书开始基本成型。2017 年开始在校内印刷为校本资料，用于离网光伏系统课程的教材。其间，根据各方的反馈情况做适当修正及个别章节的补充。

　　回顾我们中国近年来的进步，其中多晶硅太阳电池量产的最高转换效率已出自我国，年总产量也早已稳居榜首多年，这两点都是很赞的。

　　这是在我国光伏企业、行业和光伏人的长期奋斗和不懈努力下，共同提交的一份漂亮的成绩单。但同时，我们也必须清醒地看到还有一些提升空间，如：在光伏应用的精细化设计等方面，与德国及其他一些欧洲发达国家、美国等相比有差距；离网系统的设计及应用积累和经验传承上不如澳大利亚；并网和离网相结合混合系统应用上，日本还是有不少的经验值得我们学习。

　　2018 年 5 月 31 日，发改委、财政部、国家能源局发布的光伏新政，从光伏装机的规模逐步推向于创新竞争力的引导，提质增效，以强化我国光伏的国际竞争力。在具体技术方向上，《智能光伏产业发展行动计划（2018—2020 年）》给出从智能制造、集成运维、行业示范、技术标准四大方面共 17 个方向的规划，可拆卸集成快装系统、太阳能无人机、自动踏勘、海岛工作站点、智能巡检、无人机运维、光伏与新能源汽车融合……把握脉搏，让我们与美好的未来适时、恰当地碰个面。同时，也是为了更好地脚踏实地、享受和珍惜当下每一个美丽的时光。

　　回看我们中华民族之历史，本就富于创造力。从古代的发明、百家之争鸣到宋朝的经济强盛均可见。同时，以诚信为立人根本，"日省三事"古训，足以显见。再看我们今日整体发展大局与人人奋勇努力，每每甚为欢愉，如高铁、桥梁、移动支付、大数据、物联网、云计算、天网、5G、超级计算机、空天领域、海工领域、天眼 FAST、暗物质、量子通信、芯片技术、新能源汽车……凡此，何尝不是值得我们稍停步，骄傲畅快庆祝而后继续努力前行的成绩，不一而足。

　　离网系统，毫无疑问是太阳能光伏应用的起源，同时也是我们创造力激发的极优秀载体。而创新，是人类进步的第一动力。面上有一定规则，点中有专注和一些的突破。更勇而思，学、做、整理、创造……当然，我们这里累积的是强劲的动力，得以进一步深入探索与实践。如此，我们人生将更趋温暖与幸福，且日渐积累而递增。

　　致谢中山大学太阳能系统研究所，所里优秀的学术气氛有如一个温馨大家庭，特别是沈辉老师的睿智、博学、兼容、平等、创造、开放、追求真理，给了我很多的触动与持续的进步。

致谢顺德中山大学太阳能研究院，踏实、严谨、服务、创新、团队、系统、战斗力……，许许多多我们曾经并肩日夜奋战的美好回忆，和现在的继续交流都是非常的愉快。

基于工作、操作、职业道德，精益求精、严谨细致的追求把我们美妙地联系了起来。人生的满足感可不是只有在金钱支配能力上的追逐，对社会和群体的付出多少倒可能是一种相当好的衡量标准。与大国工匠精神做好朋友，至少，我们在精神上的追求会变得越来越轻松、富足和踏实。

下面所列，是本书得以写成，我特别想要录下的感谢名单：

沈辉、魏书楷、潘建安、欧阳健、孙韵琳、付青、洪瑞江、莫党、舒碧芬、唐敏、许睿、威廉（Wiliam）、段春艳、陈开汉、陈萼、陈达明、高晓雷、杜南宏、刘章义、杨琳、郭小玲、李中辉、谢福文、李功灿、黄向阳、赵杰、徐淑通、李淑君、林建生、苏志雄、Robin Woo（胡斌）、陈江涛、朱应平、潘杰、朱少华、林雁樱、蔡铭芝、梁巍青、郭文海、林国生、严慧、文科、徐小曾、曾晓红、张成就、何惠英、叶金霞、刘琼发、张成、彭伟忠、刘奉朝、董科伟、涂悠悠、孟庆湘、周妙桃、马尔刚、王文彬、周剑豪、许泽鸿、莫文生、高阳、许艳梅、朱贞彬、黄郁、郑颖群、雷岳轩、肖锋……

另外，本书第 1 章由程光蕾编写，第 2 章的 2.1、2.2 节由谭建斌承担，第 5 章的 5.4 节和第 6 章的 6.5 节则是毕业数年的两位学生谢永浩、王旭伟分别独立完成，而第 7 章的 7.1、7.4 节由孙韵琳主笔，在此均一一表示谢意。本书其余章节都是本人拙笔所写，且里面没有特别注明的图片均为我自己拍摄。

我想，因为感恩，我们学会不断地把事情做到更好。同时，我们也获得更多成功感，这种充实与幸福，如此之美妙与真切；是以，不断获取挑战困难的勇敢与前进的动力；生命中我的每一位朋友，还有今天刚刚进来的读者，我们共勉之！

当然，受思想表达、专业水平等条件所限，错漏在所难免。若发现本书中有不足、不妥、错漏等，非常欢迎各位读者不吝指出，我们再加以讨论。而不论最终采纳与否，均表示谢意。

编　者

2018 年 6 月 8 日，政府部门发布红色暴雨预警，中小学停课，但高考不受影响。经历了上午的大雨倾盆之后，我们学校宣布下午停课。午饭后，发现很多学生打着雨伞到足球场上玩耍，看着学生在现场喧闹嬉戏的景象，那感觉，比过节还要快乐许多。

若无人干预，相信这些可爱的大孩子们会一直玩，直到终于让自己身体累透才愿意消停。原本这非常熟悉的足球场，只因注满了雨水才突然变得如此之有趣，我想，那是对这种与常规不同的差异化而产生的美好体验使然，极纯真、极自然。

有时候，看着身边的一些学生小组在应用创新上的激情、勤奋与执着追求，常让我感到颇为欣慰，甚至于会有所感动。

当今信息的碎片化趋势相当明显，而总容量是极大的。我们常常发现，学生经常沉迷在一些不同的次元，有时感觉那只是傻乐，有时或可体验到学生在其中的专注。这一点，规则与创造二者的平衡，是为可解。现代课程的项目化编排，与知识体系之间，本就是互为促进和强化。只强调其一而轻视另一体系，是为不妥。

　　一本书，能书写出来，相信是绝难做到完美。追求面面俱到，却也不一定是最佳的选择。对我们的追求而言，在大局可以把握的基础上，勇敢地注入自己的理解和原创的体验，相信是对的。甚至，这是值得我们当今社会群体为之鼓励的事情。

　　回想起一年半之前，2017年1月19日，我因参与国家教学资源库建设而出差到秦皇岛，刚好碰上一场连当地人都说是很多年未见过的漫天大雪。身为一个常年生活在南方的人，偶遇北方的雪，总是会有莫名的兴奋：

　　1. 目前为止，我仍未理解为啥大下雪天的，北方人出门都不打伞。只我一人，打着雨伞在雪花纷飞中悠悠地走，对这对那充满着好奇。其实，这看上去会不会挺傻？

　　2. 走过地面的积雪时，我发现凡是抛光大理石材质的地砖（不确定，但表面明显更光滑），与有磨砂效果的较粗糙表面地砖相比，雪更容易化掉。因为，这两种材质是在人行道上相间铺开的，现象非常明显。这自然让我想到光伏组件在寒冷冰雪气候地区使用的思考。

　　3. 原来海水也是会被冻住的。淡水湖、内陆河流的结冰，这些是知道的，城市中的海水也结冰倒是稀奇。手机拍的照片都能看得挺清楚，右边是流动的海水，左边则已经结冰被冻住了。在现场，很明显可看到两者的交界线附近是一种半熔融的状态。

　　因为，我们人类在未知领域的探索，常会迸发极为强劲的动力。相较并网光伏发电而言（可理解为配备无限容量蓄电池的离网系统），阳光资源变化对离网光伏系统运行有着更多不确定因素。相信这种探索，也正是笔者对离网系统甘之如饴的原动力吧。

　　在此，我这里专门放上两张照片。

　　第一张，夕阳下的太阳能庭院灯。寒冬、瑞雪、海滩上。

照片中这盏庭院灯的造型还是有些艺术感的，与常规千篇一律相比，这个设计至少会让我留下一些印记，并可以迅速地与秦皇岛的海滩相关联起来。

第二张，花的造型。光伏组件做的"花瓣"有长短的搭配组合，还挺漂亮的。

这里，我们不妨对该系统的用电量进行简单测算：共有8个可为智能手机免费充电的接口，若全部接通，且每天按平均充电6小时计算；另外还有一台计算机，其显示屏应该会公布些运行参数。详细的分析，对入门读者，可以试着先跳到本书的5.1节。而有相当基础的读者，也可直接跳到6.1节，也许我们还会相互地有些启发。

有规律地亲近大自然是我们的进阶甚至会是终极的目标。更多地亲近大自然，我们将有更好的身体和更多美妙的智慧。我们的心态可以更积极、更放松些，生命中从来就没有最好的选择。未知和追求，相信是人生最为美好的源动力之一。

屈柏耿

目录 Contents

第一篇 基础知识

第二篇 一些有趣的基础实验

第一篇　基础知识

　　本书一些重要或关键的入门内容，包含"第1章　太阳辐射与光伏应用""第2章　离网光伏系统组成"。

第一篇主要是整理了本书中直接用到及相关的一些重要或关键的知识储备，有相关基础的读者可以直接跳过，而缺乏相应基础知识的读者，这里至少有两种推荐供各位选择：

　　（1）按部就班学习本篇每一章节的内容（除阅读与自学外，可通过互联网搜索、浏览一些光伏专业网站，加入光伏相关的群，与同学朋友交流，寻求光伏专业老师及行业企业人员的帮助等）。这种按部就班的思路非常传统，同时也是一种严谨、科学和成功的学习方式。

　　（2）当然，也可仅粗略查看一下本篇的整体章节纲要，然后立即从本书第二篇的推荐小实验甚至直接跳到第三篇的核心设计进行探索。而在分析过程中，若感觉到有基础体系的需求时，读者可随时回到第一篇有针对性地查阅相应基础再进行充实补充。这一选择，同样属于一种快乐、高效和优秀的认知与探索方法。

太阳辐射与光伏应用

1.1　光及其特性

1.1.1　光及其基本性质

光是什么?

光是一种人类眼睛可以看见的电磁波,即可见光谱。

光只是电磁波谱上的某一段频谱,一般定义为波长在 400～700 nm 的电磁波,也就是波长比紫外线长、比红外线短的电磁波。

光既是一种高频的电磁波,又是一种由基本粒子组成的粒子流。因此光同时具有粒子性与波动性,或者说光具有"波粒二象性"。

光的基本性质有哪些?

1666 年,英国科学家牛顿用实验证明了太阳光是各种颜色的混合光,并发现了光的颜色取决于光的波长。

所有的光,不论是自然光还是人工的室内光,都具有以下的特征:

(1) 光沿直线传播。小孔成像实验说明了这一点。

(2) 光速极快。光速定义值: $c = 299\ 792\ 458$ m/s $= 299\ 792.458$ km/s,在真空中速度更快,为 3.0×10^5 km/s。

(3) 光中有含能粒子,称为"光子",因此能引起胶片感光乳剂等物质的化学变化。光线越强,所含的光子越多。

(4) 光的方向很容易确定。

(5) 明暗度表示光的强弱,可以随着光源能量和距离的改变而发生改变。

1.1.2　可见光谱

可见光是电磁波谱中可以被人眼感知的部分，可见光谱没有精确的范围，一般人的眼睛可以感知的电磁波的波长在 400 ~ 760 nm，但还有一些人能够感知到波长在 380 ~ 780 nm 的电磁波。可见光的频率范围如图 1 – 1 所示。

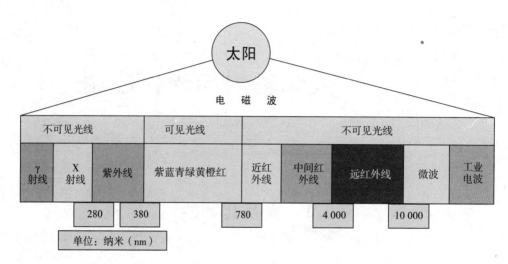

图 1 – 1　可见光的频率范围

可见光由紫、蓝、青、绿、黄、橙、红七色光组成。可见光是绿色植物进行光合作用所必需的和有效的太阳辐射能。到达地表面上的可见光辐射随大气浑浊度、太阳高度、云量和天气状况而变化。可见光辐射占总辐射的 45% ~ 50%。

1.1.3　白光与色温

大部分光源所发出的光皆称为白光，白光是由不同折射率的各种颜色的光组成的，是全部颜色的混合色，不是一种单一颜色。光源的色表温度或相关色温用来衡量其光色相对白的程度，量化光源光色。

黑体加温到出现与光源相同或接近光色时的温度，称为色温，以绝对温度 K（Kelvin 或开氏温度）为单位（K = ℃ + 273.15）。光源的色温是通过对比它的色彩和理论的热黑体辐射体来确定的。热黑体辐射体与光源的色彩相匹配时的开尔文温度就是那个光源的色温。图 1 – 2 所示为白平衡与色温。

根据 Max Planck 的理论，将一具完全吸收与放射能力的标准黑体加热，温度逐渐升高光度亦随之改变，渐变过程为红→橙红→黄→黄白→白→蓝白。黑体的温度越高，光谱中蓝色的成分则越多，而红色的成分则越少。黑体加热至呈红色时温度约为 527℃（800 K）。

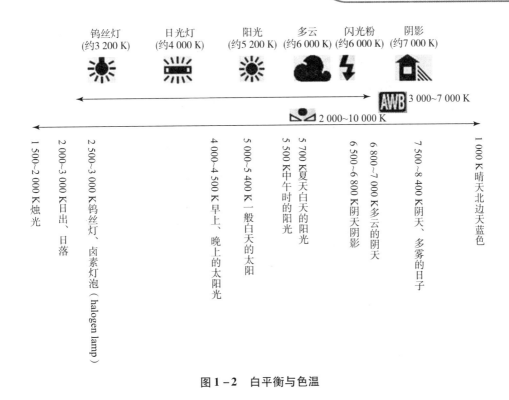

图1－2　白平衡与色温

1.2　光的吸收转换

根据导电性质可以把物质分为导体、绝缘体、半导体三大类。半导体又有本征半导体、杂质（掺杂）半导体两种。本征半导体常温下不能导电，呈现绝缘体性质，但在外界激励下，会产生电子－空穴对（light－generated electron－hole pairs），呈现导体的性质。

1.2.1　光能转换为电能的基本原理

当太阳光通过半导体材料时太阳能就会转换成电能，这个转换过程就是"光伏效应"，指的是在自然光的照射下不均匀半导体或金属半导体的不同部位之间产生电位差的物理现象。

光能转换为电能的基本原理是当光线照射太阳电池表面时，一部分光子被硅材料吸收；光子的能量传递给了硅原子，使电子发生了跃迁，成为自由电子在 P－N 结两侧集聚形成了电位差，当外部接通电路时，在该电压的作用下，将会有电流流过外部电路产生一定的输出功率。图1－3所示为光能转换为电能的过程示意图。

1.2.2　太阳电池的光伏效应

太阳电池是光伏发电系统中最基础的元件，目前市场上主流的是晶体硅太阳电池，又有单晶和多晶硅太阳电池两种。除了这两种，薄膜太阳电池也占据着一定的市场份额，薄膜太阳电池是以单质元素、无机化合物或有机材料等制作的薄膜作为基底材料的太阳电池。

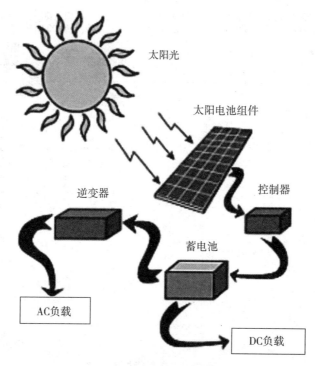

图1-3 光能转换为电能的过程示意图

上述几种太阳电池中目前光电转换效率最高的是单晶硅太阳电池,在实验室里能达到24.7%,大规模生产时可达18%。多晶硅太阳电池的生产成本相对较低,其效率介于单晶硅太阳电池和薄膜太阳电池之间。薄膜太阳电池适合大规模生产的场合,其材料本身具有的光电衰退问题是目前薄膜太阳电池的技术瓶颈,如果能解决稳定性问题及提高转换率,那么薄膜太阳电池的发展也将潜力无限。

太阳电池的结构原理如图1-4所示,可以看成是N型半导体和P型半导体两者的结合物。N型半导体是利用特殊工艺在硅片里掺杂少量的五价元素,在硅片的背面分布着自由电子;P型半导体是用特殊工艺在硅片里掺杂少量的三价元素,硅片内部分布着带正电的空

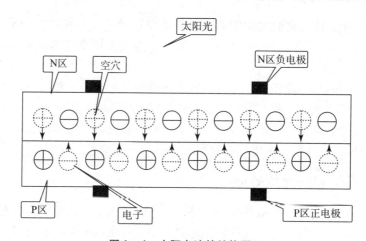

图1-4 太阳电池的结构原理

穴。在扩散和漂移作用下就会形成 P-N 结。太阳电池表面经过太阳光照射时，电子和空穴对会被激发出来。在内电场的作用下，N 区的空穴向 P 区移动，而 P 区的电子往 N 区移动，这样 P-N 结中就形成了电势差，内部电流的方向是从 N 型半导体到 P 型半导体，这样当太阳电池连接上负载时便可以向其输送电流。

1.3　光谱响应

1.3.1　光谱响应的概念

光谱响应指光阴极量子效率与入射波长之间的关系，用以表示太阳电池对不同波长入射光能转换成电能的能力，其单位为安培/瓦（A/W）。光谱响应特性主要取决于光电阴极材料。不同光电阴极材料，对同一种波长的光有不同的响应率；同一种光电阴极材料，对不同波长的光具有不同的响应率。

太阳电池的光谱响应特性与光源的辐射光谱特性相匹配是非常重要的，因为这样可以更充分地利用太阳光，同时可以提高太阳电池的光电转换效率。图 1-5 所示为太阳电池归一化光谱响应。

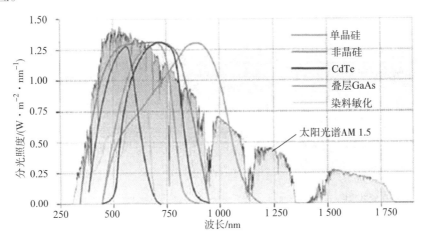

图 1-5　太阳电池归一化光谱响应

太阳电池的光谱响应分为绝对光谱响应和相对光谱响应。

1.3.2　绝对光谱响应与相对光谱响应

太阳电池的绝对光谱响应：各种波长的单位辐射光能或对应的光子入射到太阳电池上，将产生不同的短路电流，按波长的分布求得其对应的短路电流变化曲线。

太阳电池的绝对光谱响应是一个可以直接测量的量，其定义为单位辐照下的短路电流密度，如图 1-6 所示。

太阳电池的相对光谱响应：如果每一波长以一定等量的辐射光能或等光子数入射到太阳电池上，所产生的短路电流与光谱范围内最大的短路电流比较，即将各波长的短路电流以最

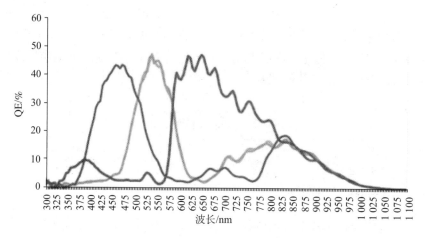

图1-6　绝对光谱响应曲线

大短路电流作基准进行归一化，按波长的分布求得的比值变化曲线。

在测试时，常用光谱响应已知的太阳电池作参比电池，测得待测太阳电池的短路电流与参比电池的短路电流相比，从而来计算待测太阳电池的光谱响应。

1.4　热辐射与波

1.4.1　光的波粒二象性

波粒二象性（wave - particle duality）是微观粒子的基本属性之一，指微观粒子有时显示出波动性，有时又显示出粒子性，在不同条件下分别表现为波动和粒子的性质。一切微观粒子都具有波粒二象性。光既能像波一样向前传播，也能表现出粒子的特征，因此称之为光的"波粒二象性"。

1.4.2　太阳常数

由于地球以椭圆形轨道绕太阳运行，太阳与地球之间的距离不是一个常数，一年里每天的日地距离也不一样。因此地球大气上方的太阳辐射强度会随日地间距离不同而异。然而，由于日地间距离太大（平均距离为1.5×10^8 km），所以地球大气层外的太阳辐射强度几乎是一个常数。因此人们就习惯采用"太阳常数"来描述地球大气层上方的太阳辐射强度。

太阳常数是指在日地平均距离上，大气顶界垂直于太阳光线的单位面积每秒钟接受的太阳辐射，太阳常数的常用单位为W/m^2。因观测方法和技术不同，得到的太阳常数值不同。世界气象组织（WMO）1981年公布的太阳常数值是1 368 W/m^2。

1.4.3　太阳辐射总量及其影响因素

太阳辐射总量是指在特定时间内水平面上太阳辐射的累计值，常用的统计值有日总量、月总量、年总量。世界年太阳总辐射量如图1-7所示。

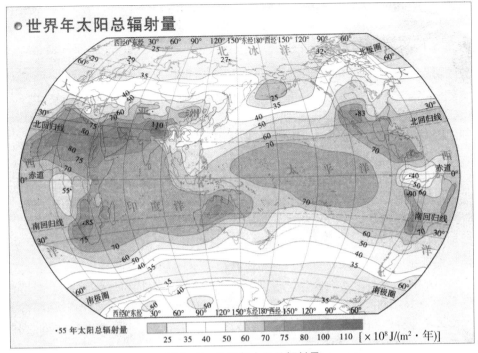

图1-7　世界年太阳总辐射量

太阳辐射总量包括到达地面的太阳直接辐射和太阳散射辐射两部分。太阳辐射通过大气后，其强度和光谱能量分布都发生变化。到达地面的太阳辐射能量远比大气上界小得多，就全球平均而言，太阳总辐射只占到达大气上界太阳辐射的45%。由于太阳辐射波长较地面和大气辐射波长小得多，所以通常太阳辐射又可以称为短波辐射，地面和大气辐射称为长波辐射。

太阳辐射总量主要与两个因素有关：

（1）太阳辐射强度，即单位时间接受太阳辐射的能量多少；

（2）接受太阳辐射的时间。

此外，还需要考虑其他的影响因素，如纬度、地形、天气等。赤道地区虽然太阳高度角的平均值最大，可是多雨的天气使得日照时间缩短，而南北半球20°～30°的副热带高气压有效辐射多。

1.4.4　太阳辐射分布特征及其影响因素

太阳辐射全年以赤道获得的最多，极地最少。这种热量不均匀分布，必然导致地表各纬度的气温产生差异，在地球表面出现热带、温带和寒带气候。

因此，影响太阳辐射分布的因素主要包括以下五个方面。

（1）太阳高度：太阳高度越高，单位面积获得的热量就越多，如直射时要比斜射时地面单位面积获得热量较多。

（2）海拔：海拔越高，太阳辐射穿过大气的路程越短，那么穿越途中受到散射、反射、折射等削弱的机会就越少，太阳辐射就强且时间长。

（3）天气状况：一般晴天比阴天接受太阳辐射时间长，强度大。

（4）昼夜长短：昼长越长则接受太阳辐射时间越长。

（5）空气清洁度：如工业城市污染较严重，空气中污染物对太阳辐射的削弱作用强。

1.4.5　有效辐射与散射辐射

有效辐射又可称为地面有效辐射，指的是地面辐射和地面所吸收的大气逆辐射之间的差值。

有效辐射的强弱会随地面温度、空气温度、空气湿度及云况而变化。有效辐射一般总是正的，即地面与大气的热量交换中地面损失热量，大气得到热量。白天太阳辐射能量超过有效辐射，地面增温；夜晚无太阳辐射，有效辐射的结果使地面降温。若天空布满云且湿度高，大气逆辐射将增强而有效辐射将减少，故阴雨天夜间地面降温少；若天气晴朗干燥，有效辐射强烈，夜间地面将迅速降温，在小风或无风条件下常形成自地面开始的逆温，这种逆温与大气污染关系最密切。

散射辐射指的是由于空气分子和气溶胶粒子的作用，或由于空气密度的涨落以及不均一，电磁辐射能量以一定规律在各方向重新分布的现象。

散射辐射能量的分布与入射波长、强度及粒子的大小、形状和折射率有关，分别称为瑞利散射（分子散射）和大粒子的米散射。空气分子对可见光的散射属于瑞利散射，光强与波长的四次方成反比，所以天空呈现蔚蓝色；云滴和气溶胶粒子对可见光属于米散射，光强与波长无关，故云呈白色。

太阳散射辐射随太阳高度的加大而减小；当天空的浑浊程度加大，即太阳通过的路径受到了阻挡，太阳散射辐射的程度加大；地面反射率增加，散射辐射也加大。

1.5　计算日照数据

1.5.1　日照数据的估算

在设计光伏发电系统时，我们经常需要估算落在任意斜面的日照量，因此以适当的形式获得准确的日照数据显然是非常重要的，目前应用较广的一种数据形式是落到水平面或者倾斜平面上的日平均、月平均、季平均或年平均全局辐射。当估算组件倾斜角对所接受日照的影响时，一般需分别考虑直接辐射成分和漫射辐射成分，但这些数值需要根据全局辐射的数据估算而来：

（1）利用测量所得到的数据来计算给定地点水平面上的全局辐射；

（2）利用全局辐射的数值来估算水平面上的直射成分和漫射成分；

（3）利用水平面上的直射成分与漫射成分数据来估算倾斜平面的相应数据。

1.5.2　全局辐射的数据

1. 峰值日照时数

峰值日照时数用于描述太阳辐射的单位 $[W/(m^2 \cdot 天^{-1})$，即瓦每平方米每天]，也称为太阳日照率或者日照率。每月的日平均日照水平通常用"峰值日照小时数"来表示，用来比较不同地区的太阳能资源，辐照单位：MJ/m^2，标准日照小时数的单位是 h（小时）。

折算公式

$$1\ J = 1\ W \cdot s,\ 1\ h = 3\ 600\ s$$

$$1\ 000\ W/m^2 = 1\ 000\ J/s \cdot m^2 = 1\ 000 * 3\ 600\ J/3\ 600s \cdot m^2 = 3.6\ MJ/(h \cdot m^2)$$

所以 $1\ kW \cdot h/m^2 = 3.6\ MJ/m^2$，同时 $1\ kW \cdot h/m^2$ 相当于标准条件下，1 小时标准日照小时数（$1\ kW \cdot h/m^2 \div 1\ 000\ W/m^2$）。

由此得出将太阳能资源（MJ/m^2）换算为标准日照时数的系数为 3.6。

2. 日照小时数

在一个给定的时间段（通常是一个月）中，每天超过约为 210 W/m^2 辐射强度的日照小时数。值得注意的是，日照小时数没有给出日照的绝对数据，并且仅对太阳光的直射辐射有效。

1.6　人类活动与温室效应

1.6.1　人类活动与气候变化

气候与人类活动关系密切。人类在生产和生活过程中如森林砍伐、过量放牧、盲目垦荒、土地的不合理使用等都会有意识或无意识地对气候产生各种影响。

20 世纪 30 年代以来，人们就开始注意人类活动对局部地区气候的影响，以后逐渐注意其对全球气候的影响。人类活动对大范围以至全球气候的影响虽仍缺少定量数据，但是研究人类活动对气候的影响，是一项迫在眉睫的重要科学问题。

砍伐森林的后果就是绿洲沦为荒漠，水土大量流失，干旱缺水严重，洪涝和泥石流灾害频繁发生，动物失去了家园，很多物种纷纷濒临灭绝。

由于烟雾中含有大量的二氧化碳和二氧化硫等气体，这些烟雾被直接排放到大气中，会产生酸雨、温室效应等。

1.6.2　温室效应

温室效应又称"花房效应"，是大气保温效应的俗称。大气能使太阳短波辐射到达地面，但地表向外放出的长波热辐射线却被大气吸收，这样就使地表与低层大气温度增高，因其作用类似于栽培农作物的温室，故名温室效应。自工业革命以来，人类向大气中排入的二氧化碳等吸热性强的温室气体逐年增加，大气的温室效应也随之增强，已引起全球气候变暖等一系列严重问题，引起了世界各国的广泛关注。

法国学者 Jean – Baptiste Joseph Fourier（1768—1830）于 1824 年第一个提出温室效应。

温室效应有两个特点：①温度较室外高；②不散热。

1.6.3　温室效应对人类的影响

温室效应的影响是多尺度、全方位、多层次的，正面和负面影响并存。温室效应能给人类带来一定的好处，比如大气中的二氧化碳气体含量增加可使植物的光合作用增强，有利于提高粮食的产量和森林的生长速度，为人类提供更多的农林产品。温室效应还可使温带和寒带的有霜期缩短，有利于农作物的生长和提高产量。

但温室效应的负面影响更受关注，如气候异常、海平面升高、冰川退缩、冻土融化、河（湖）冰迟冻与早融、中高纬生长季节延长、动植物分布范围向极区和高海拔区延伸、某些动植物数量减少、一些植物开花期提前，等等。温室效应带来的大气年均气温不断升高，还会使干旱和半干旱地区缺水更加严重，沙漠化将进一步扩大，自然灾害加剧。

温室效应对气候和生态系统的影响是多方面的，气候变化可能影响到农业的种植决策、品种布局和品种改良、土地利用、农业投入和技术改进等一系列问题。

如果二氧化碳含量比现在增加一倍，全球气温将升高 $3 \sim 5$ ℃，两极地区可能升高 10 ℃，气候将明显变暖。科学家预测：如果地球表面温度按现在的速度继续升高，到2050年全球温度将上升 $2 \sim 4$ ℃，南北极地冰山将大幅度融化，导致海平面大大上升，一些岛屿国家和沿海城市将淹没于水中。

因此，必须有效防止温室效应给全球带来的巨大灾难。

第❷章

离网光伏系统组成

本章分为4节，包括离网光伏系统的分类，以及组成离网光伏系统的三个核心组成部分：太阳电池组件、储能装置、太阳能控制器。

2.1 离网光伏系统的分类

太阳能光伏系统可分为离网光伏系统和并网光伏系统。离网光伏系统是指未与公共电网连接的光伏系统，它是完全脱离市电电网工作、独立运行的，所以也可称离网光伏系统为独立光伏系统。离网光伏系统既可以提供直流电也可以提供交流电，与并网光伏系统的差异是其不与公共电网相连。

离网光伏发电系统适用于没有并网或并网电力不稳定的地区，离网光伏系统通常由太阳能组件、控制器、逆变器、蓄电池组和支架系统组成。它们产生直流电流可直接通过白天或储存在蓄电池组中，用于在夜间或在多云或下雨的日子提供电力。离网光伏系统是独立的解决方案，因其可安装在大多数地方且易于本地维护，因此是可替代柴油发电机的可靠的、清洁和成本低廉的有效解决方案。

离网光伏系统可以满足居民生活中电灯、洗衣机、电视机、冰箱、计算机、手机等基础用电需求，广泛应用于家庭供电、道路监控、隧道供电、通信基站、林区防火、环境监测、草原牧民、渔民养殖、边防哨所等无电或缺电应用场所。离网光伏系统特别适合偏远地区的复杂自然环境、电网无法到达的地方以及农户小规模的供电需求。但是离网光伏发电系统与其他的光伏发电系统相比也存在一定的不足，例如：高成本、低效率等。

目前离网式光伏发电系统的应用最多的还是在无电区，如国内的偏远山区、交通哨所、通信、国防、石油等领域。但是随着世界光伏技术的发展，太阳电池的效率不断提高，太阳能光伏系统的成本越来越低，越来越多的领域正在应用太阳能光伏系统，如家庭、学校、机关、工厂等。但由于离网太阳能光伏系统受天气的影响比较大，遇到连续阴雨天数过多或者日照条件达不到系统的设计条件时，就会造成系统的断电而影响使用。这一点是任何离网运行系统都克服不了的。鉴于此，对于一些能接入市电的地区，可以采用市电自动切换系统进行工作，大大增强了系统的可靠性。

根据负载类型，离网光伏系统可分为直流离网光伏系统、交流离网光伏系统和交直流混合离网光伏系统。

2.1.1　直流离网光伏系统

直流离网光伏发电系统又分为无蓄电池的直流离网发电系统和有蓄电池的直流离网发电系统。无蓄电池的直流离网发电系统如图 2－1 所示，负载是直流负载，光伏组件与直流负载直接连接，有太阳光时就发电供负载工作，无太阳光时就停止。系统简单，不需要使用太阳能控制器和蓄电池，减少了电能通过控制器及在蓄电池的存储和释放过程中造成的损失，提高了太阳能的利用率，节省了成本，如常见的太阳能光伏水泵、太阳能小风扇等。

图 2－1　无蓄电池的直流离网发电系统

有蓄电池的直流离网发电系统如图 2－2 所示，由光伏组件、充电控制器、蓄电池以及直流负载等构成。有太阳光的时候，太阳电池将光能转换为电能，通过太阳能充电控制器将电能储存在蓄电池中，需要供电时，则太阳能充电控制器控制蓄电池向负载供电。这是一种常用的离网光伏发电系统，其优点是不需要接逆变器等设备，系统稳定；其缺点在于蓄电池需要定期维护且价格比较高。常用的离网光伏发电系统如太阳能庭院灯、太阳能草坪灯、太阳能警示灯、太阳能杀虫灯，以及移动通信基站、微波中转站、边远地区农村家庭电站等。

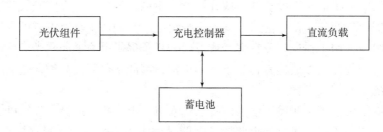

图 2－2　有蓄电池的直流离网发电系统

2.1.2　交流离网光伏系统

交流离网光伏系统指输出的直流电经过逆变器转变为交流电，输出的交流电供给交流负载使用的光伏系统，如图 2－3 所示。

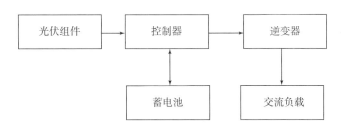

图2-3　交流离网发电系统

2.1.3　交直流混合离网光伏系统

交直流混合离网光伏系统如图2-4所示。与上述两种太阳能光伏系统不同的是，这种光伏系统能够同时为直流和交流负载提供电力，在系统结构上比上述两种系统多了逆变器，用于将直流电转换为交流电以满足交流负载的需求，通常这种系统的负载耗电量也比较大，从而系统的规模也较大。在一些同时具有交流和直流负载的通信基站和其他一些含有交、直流负载的光伏电站中得到应用。

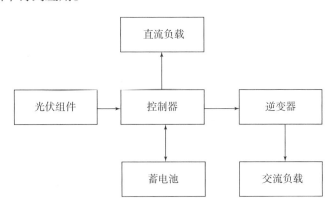

图2-4　交直流混合离网光伏系统

2.2　太阳电池组件

太阳电池组件也叫太阳能光伏组件，也简称电池组件或者光伏组件，英文名称为"Solar Module"或"PV Module"。电池组件是把多个单体的太阳电池片根据需要串、并联起来，并通过专用材料和专门生产工艺进行封装后的产品。

2.2.1　太阳电池组件的基本要求

太阳电池组件在应用中要满足以下要求：

（1）能够提供足够的机械强度，使太阳电池组件能经受运输、安装和使用过程中发生的冲击、振动等产生的应力，能够经受住冰雹的冲击力。

（2）具有良好的密封性，能够防风、防水，隔绝大气条件下对太阳电池片的腐蚀。

（3）具有良好的电绝缘性能。

（4）抗紫外线辐射能力强。

（5）工作电压和输出功率按不同的要求设计，可以提供多种接线方式，满足不同的电压、电流和功率输出要求。

（6）因太阳电池片串、并联组合引起的效率损失小。

（7）太阳电池片连接可靠。

（8）工作寿命长，要求太阳电池组件在自然条件下能够使用20年以上。

（9）在满足前述条件下，封装成本尽可能低。

技术特性及安装要求：

太阳电池方阵由一个或多个太阳电池组件构成。如果组件不止一个，组件的电流和电压应基本一致，以减少串、并联组合损失。依据当地的太阳能辐射参数和负载特性，确定太阳电池方阵的总功率；依据所设计系统电压、电流要求，确定太阳电池方阵串、并联的组件数量。太阳电池方阵支架用于支撑太阳电池组件。太阳电池方阵的结构设计要保证组件与支架的连接牢固可靠，并能很方便地更换太阳电池组件。太阳电池方阵及支架必须能够抵抗120 km/h的风力而不被损坏。支架可以是倾角可调节的或是安装在一个固定的角度，以使太阳电池方阵在设计月份中（即平均日辐射量最差的月份）能够获得最大的发电量。所有方阵的紧固件必须有足够的强度，以便将太阳电池组件可靠地固定在方阵支架上。太阳电池方阵可以安装在屋顶上，但方阵支架必须与建筑物的主体结构相连接，而不能连接在屋顶材料上。对于地面安装的太阳电池方阵，太阳电池组件与地面之间的最小间距要在0.3 m以上。立柱的底部必须牢固地连接在基础上，以便能够承受太阳电池方阵的质量并能承受设计风速。对于便携式小功率电源，太阳电池板应带有支架，使之安放可靠。

2.2.2　太阳电池组件的分类

太阳电池组件的种类较多，根据太阳电池片的类型不同可分为晶体硅（单、多晶硅）太阳电池组件，非晶硅薄膜太阳电池组件及砷化镓电池组件等；按照封装材料和工艺的不同可分为环氧树脂封装电池板和层压封装电池组件；按照用途的不同可分为普通型太阳电池组件和建材型太阳电池组件。其中建材型太阳电池组件又分为单面玻璃透光型电池组件、双面夹胶玻璃电池组件和中空玻璃电池组件以及双面发电电池片制作的双面发电电池组件等。由于用晶体硅太阳电池片制作的电池组件应用占到市场份额的85%以上，在此主要介绍用晶体硅太阳电池片制作的各种电池组件。

2.2.3　太阳电池组件的选型

通过前一小节，我们知道了太阳电池组件的种类。接下来，为了能够更好地对太阳电池组件进行选型，我们根据太阳电池片的类型不同进行学习。

1. 单晶硅太阳电池组件

单晶硅太阳电池是当前开发得最快的一种太阳电池，它的构成和生产工艺已定型，产品已广泛用于宇宙空间和地面设施。这种太阳电池以高纯的单晶硅棒为原料，纯度要求99.999 9%。为了降低生产成本，现在地面应用的太阳电池等采用太阳能级的单晶硅棒，材料性能指标有所放宽。有的也可使用半导体器件加工的头尾料和废次单晶硅材料，经过反复拉制成太阳电池专用的单晶硅棒。将单晶硅棒切成片，一般片厚约0.3 mm。硅片经过成型、抛磨、清洗等工序，制成待加工的原料硅片。

加工太阳电池片，首先要在硅片上掺杂和扩散，一般掺杂物为微量的硼、磷、锑等。扩散是在石英管制成的高温扩散炉中进行，这样就在硅片上形成 P－N 结。然后采用丝网印刷工艺，将配好的银浆印在硅片上做成栅线，经过烧结，同时制成背电极，并在有栅线的面涂覆减反射源，以防大量的光子被光滑的硅片表面反射掉。至此，单晶硅太阳电池的单体片就制成了。

单体片经过抽查检验，即可按所需要的规格组装成太阳电池组件（太阳电池板），如图 2－5 所示，用串联和并联的方法构成一定的输出电压和电流，最后用框架和封装材料进行封装。用户根据系统设计，可将太阳电池组件组成各种大小不同的太阳电池方阵，亦称太阳电池阵列。

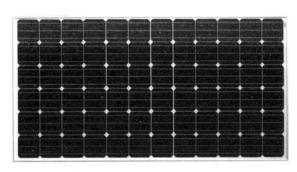

图 2－5 单晶硅太阳电池组件

单晶硅太阳电池组件材料完整，载流子迁移效率高，串联电阻小，相比多晶硅太阳电池组件及非晶硅薄膜太阳电池组件的光电转换效率最高，目前市场上的单晶硅太阳电池组件的转换效率一般为 20.5% ～21%。

2. 多晶硅太阳电池组件

单晶硅太阳电池的生产需要消耗大量的高纯硅材料，而制造这些材料工艺复杂，耗电量很大，在太阳电池生产总成本中已超 1/2，加之拉制的单晶硅棒呈圆柱状，切片制作太阳电池也是圆片，组成太阳能组件平面利用率低。因此，20 世纪 80 年代以来，欧美一些国家投入了多晶硅太阳电池的研制。

目前太阳电池使用的多晶硅材料，多半是含有大量单晶颗粒的集合体，或用废次单晶硅料和冶金级硅材料熔化浇铸而成。其工艺过程是选择电阻率为 100～300 Ω/cm 的多晶块料或单晶硅头尾料，经破碎用 1:5 的氢氟酸和硝酸混合液进行适当的腐蚀，然后用去离子水冲洗呈中性，并烘干。用石英坩埚装好多晶硅料，加入适量硼硅，放入浇铸炉，在真空状态中加热熔化。熔化后应保温约 20 min，然后注入石墨铸模中，待慢慢凝固冷却后，即得多晶硅锭。这种硅锭可铸成立方体，以便切片加工成正方形太阳电池片，可提高材质利用率和方便组装。

多晶硅太阳电池的制作工艺与单晶硅太阳电池差不多，但是材料制造简便，节约电耗，总的生产成本较低，因此得到大量发展。再将多晶硅电池片经过测试分选、单焊、串焊、叠成、层压等工艺流程制作成多晶硅太阳电池组件，如图 2－6 所示。目前随着技术的提高，多晶硅太阳电池组件的转换效率也可以达到 18.5% 左右。

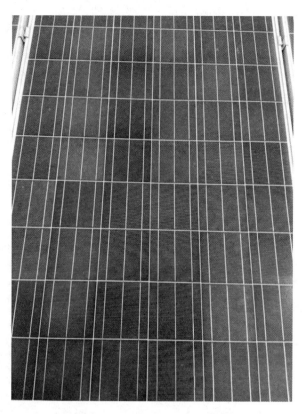

图 2-6　多晶硅太阳电池组件

3. 非晶硅薄膜太阳电池组件

薄膜太阳电池包括硅薄膜太阳电池（非晶硅、微晶硅、纳米晶硅等），多元化合物薄膜太阳电池（硫化镉、硒铟铜、碲化镉、砷化镓、磷化铟、铜铟镓硒等），染料敏化薄膜太阳电池，有机薄膜太阳能电池等。非晶硅薄膜太阳电池与单晶硅和多晶硅太阳电池的制作方法完全不同，硅材料消耗很少，生产电耗更低，规模生产前景很好。非晶硅太阳电池很薄，可以制成层叠式，或采用集成电路的方法制造，在一个平面上，用适当的掩模工艺，一次制作多个串联电池，以获得较高的电压。目前非晶硅薄膜太阳电池光电转换效率一般能达到10%～12%，电池组件的系统效率一般为5%～8%。多元化合物薄膜太阳电池指不是用单一元素半导体材料制成的太阳电池，现在各国研究的品种繁多，除碲化镉、硒铟铜、铜铟镓硒薄膜太阳电池在国外有规模生产外，组件的效率在9%～12%，其他多数尚未形成产业化。

有机薄膜太阳电池以其材料来源广泛、制作成本低廉、耗能少、可弯曲、易于大规模生产等突出优势显示了其巨大开发潜力，但目前的光电转换效率较低，没有形成产业化。染料敏化纳米薄膜太阳电池的性能主要是由纳米多孔 TiO_2 薄膜、染料光敏化剂、电解质、反电极（光阴极）等几个主要部分决定的。通过优化电池各项关键技术和材料的性能，并通过小面积的系列实验和优化组合实验来检测各项参数对电池性能的影响，光电转换效率最高可达9%，但没有形成产业化。

非晶硅薄膜太阳电池除了薄膜厚度非常薄、只需少量的原料等因素而使得电池组件的价格较晶体硅薄膜太阳电池便宜外，其弱光发电性能和功率温度系数较晶体硅太阳电池好，相比晶体硅薄膜电池同等条件下可多发电。根据目前世界各国薄膜太阳电池的应用情况，薄膜太阳电池为主流产品，尤其在土地资源丰富地区的工程上得到了广泛应用。

世界各国研发了多种太阳电池技术，部分尚处于小范围尝试阶段，未进入产业化大面积推广阶段。目前硅基材料的太阳电池板占据市场的主流，单晶硅太阳电池、多晶硅太阳电池及非晶硅薄膜太阳电池占整个光伏发电市场的 90% 以上，其中非晶硅薄膜太阳电池近年来发展得非常快。

4. 太阳电池组件的选型

一般而言，对于集中式地面光伏电站，选用高效多晶性价比会更高；对于分布式屋顶光伏电站而言，选用单晶组件则更合适一些。通过前面的学习，大家都了解了非晶硅薄膜电池的最大缺点就是光电转换效率不高，并且逐年衰减效率与晶硅组件相比会大得多。那么为什么不选用高效太阳电池组件呢？其实，高效太阳电池除了效率高之外，从电池片的生产到组件的制作，工艺上都要求得非常高。虽然我国的科技在进步，技术也在不断改善，但是在高效太阳电池组件的生产过程中，很多企业技术上达不到要求，还未能达到大规模的生产。即便能达到生产要求的，也会因为生产高效太阳电池组件的成本而受阻。所以，目前的高效太阳电池组件通常会用于人造卫星、空间站等领域。

对于光伏组件选型，除了要考虑组件的功率之外，业主一般还会考虑组件的价格、性能、安全等因素。所以，想要深入了解光伏组件的选型，同学们仍需多多学习。

2.3　离网光伏系统储能装置

离网光伏系统与现今越来越常见的家庭分布式并网光伏电站相比较，最大的不同就在于离网光伏系统一般而言配备有储能装置，如蓄电池等。

本节简要介绍常用的铅酸蓄电池，如市场上相当热门的锂电池，较为古老的镍氢、镍铬电池，以及一些新型的储能电池等。

2.3.1　铅酸蓄电池

目前，离网光伏系统选用的不同类型储能装置中，铅酸蓄电池的市场占比相当大。

1. 基本原理及特性

铅酸蓄电池主要由二氧化铅、铅、硫酸铅组成的正负电极板，电解液中的硫酸，隔膜，电池槽和盖、接线柱等部分组成。铅酸蓄电池，通常可看作"双硫酸盐化理论"的应用，放电时在正负极板上均生成硫酸铅。蓄电池的成流反应实质是电荷的转移过程。电解液中的硫酸不仅起传导电流的作用，同时还直接参加电池反应，所以电解液的密度会随着充放电的过程而发生变化。

由于铅酸蓄电池的发明已超过 150 年的历史，经过百年巨量市场验证和不断优化的技术细节及生产工艺积累，其生产技术已相当成熟，同时还拥有相当明显的价格优势，放电平台稳定可靠。

与锂电池等现代的储能装置相比，铅酸蓄电池的主要缺点是：

（1）比能量较低，即相同的储存电量铅酸蓄电池的质量明显要比市场上的其他一些蓄电池更重些。这个是材料和铅酸蓄电池的化学原理决定的，估计在未来出现突破性技术改进的空间也不太大。至少，在致力于提升铅酸蓄电池比能量方面，有公开报道的实验室前沿探索极为少见。

（2）充电速度较慢。对铅酸蓄电池而言，$1C$ 的充电率其充电电流已非常大，充电过程中产生的过量热量等因素很有可能已经影响到蓄电池的寿命。与铅酸蓄电池厂家一般推荐的 $0.1C$ 标准充电率相比，若把充电率的取值调高到 $1C$，已经到了实验室容许学生短时间做极限测试的最高上限。

与铅酸蓄电池不同，哪怕高达 $2.5C$ 的充电率，对锂电池而言却是轻而易举就可以实现的。

这一技术的关键，首先是锂电池自身的内阻要足够小，当然，使用稳定可靠的充电器是基础保障，同时必须在锂电池厂家认可的安全充电率范围内选取充电率的值。实测表明，优质的锂电池，在高达 $4C$ 的充电率下完成充电，充电的全过程中电池表面温升仍然相当轻微。目前为止，锂电池样本在多次安全承受 $4C$ 充电率后，所有锂电池运行状况优良，还没有发现有一例的不良效应。

（3）寿命相对较短。铅酸蓄电池厂家通常标称其产品的循环寿命在 3～5 年，也有浮充寿命 12～15 年，甚至有长达 20 年的型号，一般情况下这些都是要求处在特定工作条件下的理想值。对于铅酸蓄电池在离网光伏系统中的应用，蓄电池的使用寿命与工作状态、系统能量的匹配程度、电池使用环境、电路设计算法等都有很大关系，蓄电池的真实运行年限通常都比厂家宣称的循环寿命要短。

值得留意的是，在实际运行的项目中，蓄电池的工作寿命有相当比例还没有到厂家标称值的 1/4 就已终结，甚至有更为极端的远低于厂家标称寿命 1/20 的罕见案例。分析产生这些负面案例的原因，大多是源于不合理的设计，也有部分是厂家本身的质量问题。不过，运行时间接近或者达到蓄电池厂家标称循环寿命的离网系统是真实存在的，而且从绝对数量来说还不少，这些离网系统的设计和优化都做得非常到位，在其具体的技术细节中往往包含有很多的宝贵经验。

在铅酸蓄电池的上述三个不足中，比能量低和充电速度慢这两个缺点对离网光伏应用而言不一定会造成影响。这两点不足，一般情况下都可以在设计阈值内得到很好的调配。至于铅酸蓄电池寿命较短的问题，值得我们同时去考虑的因素还有采购和运维成本、回收环保等的影响。我们可以从整套光伏系统的搭配、对参数的优化设定、电路的选择等方面去实践和探索，这些都可能会起到相当重要的作用，处理得好甚至可很好地弱化蓄电池使用寿命上的不足。

2. 开口型铅酸蓄电池

开口型铅酸蓄电池，也称为富液式铅酸蓄电池，属于最古老的铅酸蓄电池类型。这种蓄电池需要做定期的人工维护，包括监控电解液密度，必要时还得补充蒸馏水。

存放开口型铅酸蓄电池的场地要求必须带有通风设备，若电池组保养得好，寿命有可能比阀控密封铅酸蓄电池的更长些。开口型铅酸蓄电池现在多用于一些大型系统，如供电电网若因故障而大面积停电时，富液式铅酸蓄电池组作为发电厂"黑启动"的直流电源等。由于实际运行不太方便，在很大程度上限制了富液式电池的市场份额。尤其是新近设计的离网光伏系统中，这种开口型铅酸蓄电池已极少选用。

3. 密封型铅酸蓄电池

相比富液式铅酸蓄电池，密封型铅酸蓄电池在运行过程中几乎没有任何析出物，尤其在正常运行状态下电池是完全密封的。密封型铅酸蓄电池也有超过百年的历史，生产技术相当成熟，电池稳定性好，占有的市场份额非常大。

密封型铅酸蓄电池主要包含常规的 AGM（阀控密封铅酸蓄电池）和胶体电池（密封式胶体铅酸电池）两种。主要区别在于，AGM 是将电解液储存在玻璃纤维隔膜之中，并利用阴极吸收原理使电池得以密封；而胶体电池则是将电解液储存在硅凝胶中，利用其触变特性实现电池密封的目的。

设计良好的胶体电池，其耐过充过放电的能力、实际工作寿命、热失控现象、自放电速度，甚至是低温放电性能等，相比 AGM 蓄电池均有一定的优势，其核心取决于胶体电解液的制备及灌注方法、与之相适应的电池结构设计等。

2.3.2 其他储能电池

目前，除铅酸蓄电池外，市面上还有很多不同种类的储能电池可供选择，如备受公众关注的各种不同类型锂电池，镍氢、镍铬电池及一些的新型储能电池。

1. 锂电池

锂电池是近年来市场发展最为迅猛的一类电池。其优势主要在于比能量高（锂电池与储存电量相同的其他类电池相较而言，质量非常轻），充电效率非常高（充电过程的损耗相比铅酸、镍氢、镍铬等电池小），充电速度极快，电池寿命较长等。

锂电池的种类也相当多，目前值得我们特别关注的锂电池主要有锂铁电池（LiFe）、锂离子电池（LiIo）、锂聚合物电池（LiPo）、钛酸锂电池（LTO）等。

据报道索尼是最早研制和生产锂铁电池的厂家。现在，比亚迪（BYD）已成为锂铁电池的行业代表，经过全球多个国家和地区电动汽车市场的验证，尤其是其生产的纯电动大巴车，在全球的市场竞争力相当突出。锂铁电池耐高温特性优良，低温放电能力也不错，充放电性能良好且电池寿命较长，综合而言对离网光伏系统是适用的。目前，锂铁电池的主要缺点是相对其他类型锂电池而言能量密度稍低些。

锂离子电池，市面上我们非常熟悉的 18650 电池就是其中的典型代表（直径 18 mm，长度 65 mm 的标准）。如特斯拉的大多数纯电动车，其动力电池组基本上都选用这种电池单体组合而成。市面上的纯电动及混合动力汽车累计起来，选用锂离子电池做储能电池的也不少。锂离子电池的比能量相当高，同时有着近 30 年的市场经验积累，其在锂电池的分类中成熟度很高。目前市面上优质品牌基本为日本等企业所垄断，其电池的一致性相当好，还拥有相对低的采购成本。其主要不足在于其耐受极限温度的特性不佳，一旦出严重问题，电池甚至可能会炸裂。特别是在户外使用时，其安全性能在一些场景下还是令人担心的。

虽然特斯拉也在大面积使用锂离子电池，但是，其首先是借助了大量的单体电池充放电均衡及先进的散热管理等专利技术；另外，也有少量报道特斯拉电池组在一些极端情况下的安全问题，若将锂离子电池常规化地用于离网光伏系统，则有点过于冒失。

锂聚合物电池，是我们最为常见和熟悉的一类电池。当今，这种电池的人均拥有数量已达到甚至超过一块。由于凝胶聚合物电解液的使用，相对而言锂聚合物电池的安全性能有所提高。锂聚合物电池一般没有坚硬的金属外壳，尺寸定制方便，厚度可做到非常薄。目前几乎 100% 的智能手机机型选用的都是锂聚合物电池。另外，智能手表等现代电子产品，使用锂聚合物电池的比例也相当高。

同样，锂聚合物电池的耐受极限温度特性不佳，较高温度下的安全性能令人担心，且低温下的放电能力变弱。对于需要户外使用的离网光伏系统，还是不太建议将锂聚合物电池不经分析地作为离网光伏系统的储能装置去大面积使用。毕竟全年中，气温的最高点和最低点均在锂聚合物电池安全工作范围内的国家和地区，比例还不太高。

钛酸锂电池，通过实验室的测试数据、老化数据，通过对电池做穿刺、切割等极限破坏性测试的结果等方面可推断，这种电池原生的安全性能相当好，尤其适用于电动汽车。同时，电池寿命很长这一优势也极为吸引人，电池充放电效率高，充电速度快。目前，钛酸锂电池的主要不足，同样是比能量不高且售价较高；另外，暂时还没得到大量的市场应用验证。

2. 镍氢、镍铬电池

镍氢电池（NiMH）和镍铬电池（NiCd），目前在离网光伏系统中使用频率已经不高了。不过，我们还能在一些微型的太阳能光伏应用产品中发现有其踪影，如太阳能草坪灯、太阳能道钉等。只要优化得当，对这一级别的离网光伏应用而言，镍氢和镍铬电池还是有相当不错的吸引力。

两种电池中，镍铬电池更为古老些，其主要优点是内阻比镍氢电池的要小，额定的最大放电电流值相当高。尤其在早年的航模界，镍铬电池放电能力的口碑极好。但镍镉电池自放电的情况比镍氢电池要严重得多。更难以让人接受的是，镍铬电池有着著名的"记忆效应"，这一缺点对于离网光伏系统的储能工作状态而言，基本上是致命的。为此，现在不推荐镍铬电池用于离网光伏系统中。

相较而言，镍氢电池的"记忆效应"较轻，电路设计合理的情况下已基本可以克服。镍氢电池的过放电恢复和耐受能力强，放电平台稳定，市场成本较低，温度耐受能力强，充放电循环次数优良，其中有一些型号的镍氢电池有着极为优秀的自放电特性。另外，电池的通用性好。

现在市面上典型的 5 号（AA 型）镍氢电池，优选容量标称在 2 000 mA·h（Typ.），最小值 1 900 mA·h（Min.）；而主流 7 号（AAA 型）镍氢电池，标称容量为 800 mA·h（Typ.），最小值 750 mA·h（Min.）。

十几年前，关于电池最大储电容量的争夺，市面上曾有过一段较长时间各个厂家处于相当混乱的状态。电池容量 2 500 mA·h 的 5 号电池早已出现在市场上，更夸张的 2 800 mA·h 甚至 3 000 mA·h 以上的标称值也曾见过。也许是市场上一片追求高容量的竞争之势，以致当时在镍氢电池领域技术领先的日本某品牌，也在极度追求容量最大化过程中出现严重的质量问题。若该品牌的电池充满电后立即进行放电，产品的实测放电容量真的可以达到标称值。但难以置信的是，这些电池的自放电特性极差，如果处理不当，对最终用户而言会严重影响使用体验。

在一些要求容量较小的应用场合，我们可以合理选用典型循环寿命 1 800 次的镍氢电池，或者循环寿命高达 5 000 次的高阶版本等，如图 2-7 所示。经过对需求的合理、有针对性设计，这些不同规格电池仍有可能在离网光伏系统的储能装置中发挥相当不错的作用。

现今，镍氢电池技术最主要的缺点在于比能量值较低，单体电压低，典型值仅为

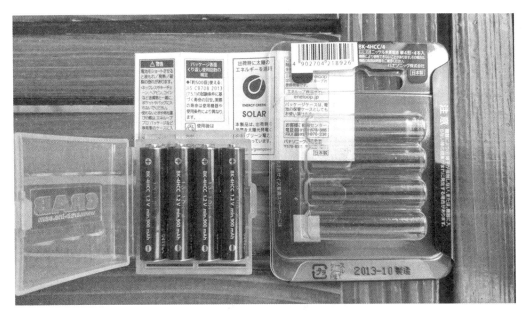

图 2 - 7 eneloop pro 版本的镍氢电池

1.20 V，也有些为 1.25 V 的。但与锂电池单体电压动辄 3.70 V 甚至高达 3.85 V 相比，差距相当明显。

3. 新型储能电池

新型储能电池是一个非常值得期待的领域，且技术方向相当多。这里只选取了其中三种做简要的描述，分别为石墨烯电池、液流电池及超级电容。

石墨烯电池是近年来市场上出现的一个热点。严格来说，石墨烯电池还不能算是一种全新的电池，因其电极、电解液材料等基本上仍属于锂电池的构造范畴。但由于石墨烯拥有极为优秀的导热性能，超轻，很多之前在锂电池设计行业的瓶颈和限制均被打破。因此，石墨烯电池在技术上的进步非常值得期待。

早在 20 世纪 80 年代，国际上已掀起研究开发液流电池的热潮，到了 21 世纪的初期，液流电池进入商业化的示范阶段。液流电池的全称是氧化还原液流储能电池（Redox Flow for Energy Storage Battery），目前主要有钒电池、钠硫电池两种类型。

这种电池主要由电池组分系统、电解质溶液、电解质溶液储供分系统、控制分系统、充放电分系统等组成。正极和负极电解液分别装在两个储罐中，利用送液泵使电解液通过电池循环，电池内部正负极电解液用离子交换膜分隔开。液流电池在充、放电过程中，仅电解液中的离子价态发生变化。液流电池的输出功率取决于电池堆的大小，储能容量受限于电解液的储量，设计和后期有增容需求时均非常灵活。显然，液流电池特别适合大容量储能电池设计，MW 级的离网光伏电站可考虑优选。

超级电容具有几乎无限次数的循环寿命，充放电达 100 万次，而容量无明显衰减，对超级电容而言属于比较正常的指标。若按每天充放电一次计算，即使超过 2 500 年，充放电效率也极高，损耗非常小，安全性好。其工作温度范围相当宽，除了南极、北极地区，常规气候条件下基本上全球任何的国家和地区都可以正常使用。

如图 2 - 8 所示，实验室用 2.7 V 3 000 F 单体制作的超级电容组，由 8 个单体电容串联而成。超级电容组可直接连入实验室顶楼的 50 Wp[①] 光伏组件，而且充电过程非常迅速。电容满电后，通过成熟的 DC – DC 转换模块，用这个电容组可以为多部现在典型的智能手机完全充满。

图 2 – 8　实验室用 2.7 V 3 000 F 单体制作的超级电容组

目前，超级电容的主要缺点是成本高、比能量相当低、体积大，存在一定的自放电现象。超级电容的单体电压低（2.5 V 标称值是常见，2.8 V 已为相当优秀，而低至 2.3 V 甚至更低的标称电压比较少见），且一般均需配备性能良好的单体均衡电路。

2.4　太阳能控制器

太阳能控制器是离网光伏系统中用于连接太阳电池组件与储能装置的基本部件，同时兼有离网系统中直流负载的开关控制甚至调光的功能。

2.4.1　太阳能控制器的主要功能

阳光下，太阳电池组件的输出并不是在任何时候都刚好与储能装置的需求相匹配，设计精良的太阳能控制器可以很好地起到关键的连接作用。

太阳能控制器的核心功能，是保障蓄电池的合理设计寿命。防止蓄电池过充电的保护及防过放电的保护，是其最为基本的功能，必须完善。

另外，以下四点是太阳能控制器必须具备的功能：

（1）温度补偿算法；

（2）各种工作状态的指示功能，可通过不同颜色的多个 LED 组合实现；

（3）蓄电池、光伏组件的防反接，蓄电池开路保护，负载过载、短路保护等；

---

①　最大输出功率。

（4）防雷击功能，主要是防感应雷。

2.4.2 太阳能控制器的关键参数

每个品牌型号的太阳能控制器其设计侧重点、具体参数等均有所不同。但其中的一些关键参数基本上是相通的。

在此，以市面上典型的 phocos 伏科 CIS 10 太阳能控制器为例做简要的说明。

如图 2-9 所示，技术参数表中的强充、均衡充和浮充电压，是控制器对蓄电池充电的三种不同的工作状态，系统自动选择。

技术参数	
额定电压	12/24 V，自动识别
强充电压	14.4/28.8 V (25 ℃)，持续 2 小时
均衡充电压	14.8/29.6 V (25 ℃)，持续 2 小时
浮充电压	13.8/27.6 V (25 ℃)
低压切断电压	11.00-12.02 V/22.00-24.04 V 电量控制 11.0-12.0 V/22.0-24.0 V 电压控制
负载再连接电压	12.8 / 25.6 V
夜晚/凌晨运行时间	0~15 小时 / 0~14 小时
额定电压	12/24 V，自动识别
输出功率调节范围	0~100 % 负载功率
功率调节端子输出电压范围	0 ~ 10 V（相对于电池负极）
白天/黑夜识别电压范围	2.5 ~ 10 V
蓄电池类型	胶体，液体
温度补偿系数	-4.2 mV/K per cell
最大充电/负载电流	5/10/20 A，由型号确定 @ 60 ℃
尺寸/质量	82×58×20 mm (w × h × d) / 150 g
推荐线径	1.5 mm² 5 A；2.5 mm² 10 A；4.0 mm² 20 A
自消耗功率	低于 8/10 mA
工作温度范围**	-40 ~ + 60 ℃
海拔高度/防护等级	4000 m/IP 68 （1.5 m, 72 h）

**：在 60 ℃ 时，只能在太阳能端或负载端一端满载运行。

如有更改，恕不另行通知。版本：20100803
在以下国家生产：
德国 -中国- 玻利维亚- 印度
Phocos AG · Germany www.phocos.com

ISO9001

CE RoHS

图 2-9 phocos 伏科 CIS 10 太阳能控制器

低压切断电压有两种不同控制策略，包括蓄电池电压控制（LVD）和蓄电池电量方式（SOC），具体又给出了很多精细的可选值。这一参数的准确控制，是太阳能控制器性能优劣的极重要因素。

蓄电池类型中的胶体、液体的选择，就是前面所述的密封型铅酸蓄电池（包括 AGM 阀控密封铅酸蓄电池及胶体电池）和开口型富液式蓄电池。

温度补偿系数，是由控制器自带的外接传感器通过检测环境温度的高低对蓄电池的充电电压做相应的修正（其具体的取值由厂家在出厂前设置，用户一般无法更改）。

2.4.3　参数设定及基本使用

我们仍以 phocos 伏科 CIS 10 太阳能控制器为例，主要的参数设定如下：

1. 系统电压、额定电流的选择

控制器的系统电压有 12 V 及 24 V 两种选择，控制器可以自动适应，无须做任何的设置。一般只需将单个的 12 V 蓄电池，或同型号、同时出厂、同批次的两个 12 V 蓄电池串联为 24 V 即可组成简单的电池组接入系统。

额定电流，即最大充电电流及最大负载电流的值，取决于所选的控制器型号，如型号 CIS 10 即最大充电和负载电流均为 10 A。

2. 低压切断功能的具体取值

电压控制（LVD）和电量方式（SOC）两种算法，各有优劣。

蓄电池的电压控制算法较简单直接，日常运维、检测均很方便。蓄电池电量方式相对复杂，但对蓄电池的真实工作状态可拥有更准确的判断，不过检测难度加大，且算法不佳的情况下长时间运行后的累计误差会明显加大。

具体电压控制方式有 11.0 V、11.1 V、11.2 V、11.3 V、11.4 V、11.5 V、11.6 V、11.7 V、11.8 V、11.9 V 共 10 挡 LVD；以及电量控制方式的 SOC1、SOC2、SOC3、SOC4、SOC5、SOC6 共 6 挡 SOC 可供选择。

基于 IP68 的防水需求（控制器在 1.5 m 水深承受 72 h 不损坏），在太阳能控制器上没有设置任何开关，也没有数据接口。所有的参数在需要做具体设定时，是通过专用的遥控器以红外方式无线输入的。

3. 夜间照明时间段的设定

如图 2-10 所示，控制器自身带有"黄昏到凌晨""夜晚/清晨两段式"两种不同的负载输出方式。

"黄昏到凌晨"好理解，控制器检测到太阳已下山，环境照度较低，即为黄昏宜开灯。而所谓的凌晨，就是第二天太阳重新升起，环境光已足够亮自然要把灯熄灭。

另一种模式是"夜晚/清晨两段式"。显然，这是为了节省电能，基于深夜的时间少有行人因而无须开灯的观点。具体"午夜点"的概念一开始还颇难理解，但是只要考虑到太阳一年四季的日出日落运行变化之后，我们会发现厂家的这一设计还是颇有价值的。

路灯功能

CIS 控制器具有先进的路灯控制功能。负载点亮的时间和方式都可以根据客户需要灵活地编程。
有3种模式可供选择：
通用控制器、黄昏到凌晨和夜晚/清晨两段式模式。

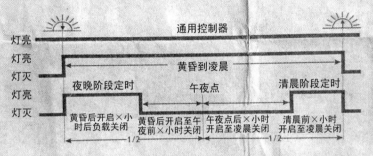

"午夜点"的确定，控制器会根据实际的黄昏与凌晨的持续时间，自动识别中间点，也就是控制器认为的午夜点，不需要用户设定真正的时间。控制器自动确认准确的午夜点需要几天时间的运行。这种方式可能在某些时候不是太准确，但是可以避免用户在不同的季节对时钟进行校核。控制器确定的午夜点与实际时间的午夜是不相同的。
控制器通过测量太阳能电池的开路电压，识别白天和黑夜。根据所处不同地区和不同太阳能电池板，用户可以自行设置不同的光控点电压（白天和黑夜的临界电压）

图 2－10　控制器的两种不同的负载输出方式

第二篇　一些有趣的基础实验

　　　本书核心内容的预热篇，包含"第 3 章　网络互动资源虚拟实验""第 4 章　推荐的实验室测试项目"。

第3章

网络互动资源虚拟实验

本章共6节，包含互动资源虚拟实验（本书中简称为"互动系统"）的来源、进入方法，并从其中抽选了供初学者体验的三个入门拜帖任务，进阶的三个与光伏发电相关的典型任务，以及一个特别推荐的补充任务。

最后，还补充了主要的任务列表，可供读者上网操作"互动系统"时选择和参考。

3.1　互动资源虚拟实验的来源

本章互动资源虚拟实验来源于国家新能源类专业教学资源库的建设，是整个资源库体系中一个很小的单元组成部分。

这里设计的太阳能光伏发电系统虚拟实验的课题数量不多，任务总数就20个左右。

3.2　互动资源虚拟实验的进入

本章相关的网络虚拟实验的所有资源，包括账号申请在内，目前为免费使用，每位感兴趣的读者均不需要支付任何额外费用。更多详情，请参考本书第5篇后的附录部分，即国家级新能源专业教学资源库。

网址，http：//180.212.82.145/learning/

3.3　三个入门任务

入门任务主要是体验和基本试玩性质，为互动资源虚拟实验的初步体验环节，基本了解系统中的互动操作手法。

需要特别补充的是，其中有些选项没有标准答案，即不参与评分。其实，有些选项，在客观世界本就是如此。

图 3-1 所示为入门拜帖修炼第一任务的界面，有不少是基于我们日常生活的尝试。

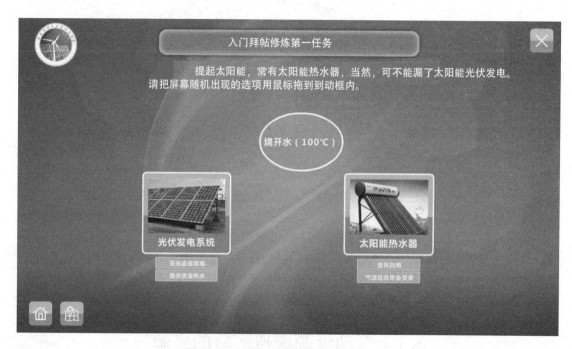

图 3-1　入门拜帖修炼第一任务的界面

在图 3-1 中，当烧开水（100 ℃）这一需求自动弹出来，你会选择光伏发电系统还是太阳能热水器二者中哪种方式去实现呢？

相信这个问题的判断，对我们而言还是比较有信心的。

若再问，气温低效果会更好，又该选择光伏发电系统还是太阳能热水器？

还有，如果页面中跳出来的需求是"遮风挡雨"，我们如何去做这个选择？

图 3-2 所示为入门拜帖修炼第二任务的界面，主要是太阳能光伏发电系统的基本分类。

比如，阳光动力Ⅱ号纯太阳能载人飞机，应该归类属于并网光伏系统还是离网光伏系统？

大型地面电站属于并网光伏系统还是离网光伏系统？

太阳能手机充电器、人造卫星上的光伏系统又该划分为离网还是并网光伏系统？

努力养成学习的好习惯，信息资源在页面上是有的，有些还写得挺详细，我们要学会好好去利用。

另外，既然这里称之为拜帖修炼，所以不管我们做出的选择是对是错，系统都不会阻拦，可以只管先全部做完。直到把三个入门拜帖修炼任务完成并提交后，服务器会依据我们在每一任务的具体表现，尽可能地给出较为中肯的评语。

图 3-3 所示为入门拜帖修炼第三任务的界面。该任务主要是了解太阳光发电的基本原理，以及太阳光发电和火力发电的分类。

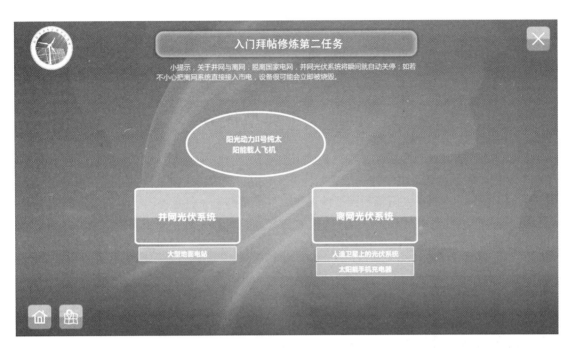

图 3 - 2　入门拜帖修炼第二任务的界面

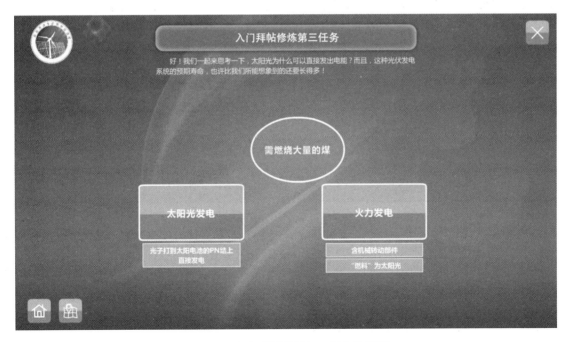

图 3 - 3　入门拜帖修炼第三任务的界面

需燃烧大量的煤，显然，太阳光发电是不需要的，这个很容易确定。

而"燃料"为太阳光，是属于火力发电还是太阳光发电，相信也不难决定吧。

还有，光子打到太阳电池的 P－N 结上直接发电，含机械转动部件，这两个又该如何选？

第三个任务完成后就可提交，服务器将在后台分析我们的操作轨迹，并公开三个修炼任务的总体评语。

3.4　三个典型任务

本节共选取了互动系统中的三个典型任务，包括"光伏发电的必要条件""阳光下光伏组件的输出特性""测量太阳辐射强度的值"。

图 3－4 所示为光伏发电必要条件的设计主界面，主旨是理清基本概念，探讨光伏发电产生能量输出的条件。

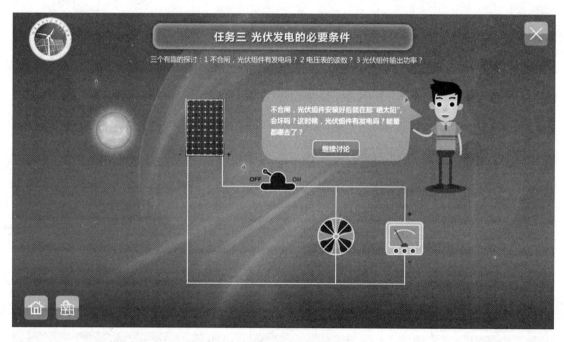

图 3－4　光伏发电的必要条件（一）

请细看和解读任务的说明文字，"三个有趣的探讨：①不合闸，光伏组件有发电吗？②电压表的读数？③光伏组件输出功率？"然后，我们的实验可以一步一步细致地做下去。

如图 3－5 所示，可与图 3－4 对比着来阅读，特别留意电路连接的变化，然后用自己的语言描述出来，并直接用笔手写到图边。

图 3－4 中的主开关是断开的，电压表指针也不动，光伏组件这时候有输出电功率吗？

图 3－5 的开关仍是断开的，小电扇当然保持静止，但现在电压表的指针有偏转，那么光伏组件这时候有没有输出电功率？

图3-5 光伏发电的必要条件（二）

关于太阳光有没有直接发电，当前任务所给出的三个有趣探讨其实还是有一定深度的，很值得我们仔细思考然后给出心中的答案。

现在就动手，把目前这一刻你认为最合适的答案写到图的旁边吧。

另外，任务三的主开关通过鼠标单击是可以闭合导通的，一旦接通我们会发现小电扇瞬间就转动起来，这时光伏组件有输出电功率那是毫无疑问了。课堂上有部分学生在操作图3-5时还发现，在开关闭合小电扇启动的瞬间，电压表指针的偏转角度立即变小了一些，这又是什么原因？

对于太阳光有没有直接发电，这一任务所给出的三个有趣的探讨，确实很值得我们给出自己心中的答案。现在就动手，把这一刻你认为最合适的答案写到图的旁边吧。

我们从市面上买回来的 12 V 光伏组件，放到阳光下测量，发现输出电压竟然超过了 19 V。还有，带上不同的负载，光伏组件的输出特性会如何？让我们用数据来说话。

与任务三同样，这也是一个真实的实验过程，仪表中显示的每一个数值都是当时实际测量的原始数据。

如图3-6所示，现在所有开关都处于断开状态，两个仪表的读数也都为零。

确实如此，该实验仪表中将要显示的每一个数字都是当时实际测试的原始记录。

如图3-7所示，K0 接通，K1 也已经合上，此时光伏组件的负载电阻为 10 kΩ。仪表显示，光伏组件输出电流为 2 mA，负载电压 19.56 V。

下一步，K2 闭合，负载将变为 10 kΩ 和 1 kΩ 两个电阻并联。我们可以相当有把握地判断，电流表读数将明显增大。那么，还可以进一步给出具体数值吗？还有，电压表又将如何变化？请在 K2 闭合前，将两个仪表的读数根据预判先行写下来。

后面的测试同理，我们想要闭合每一个开关之前，请务必先行预判，将两个电表可能的

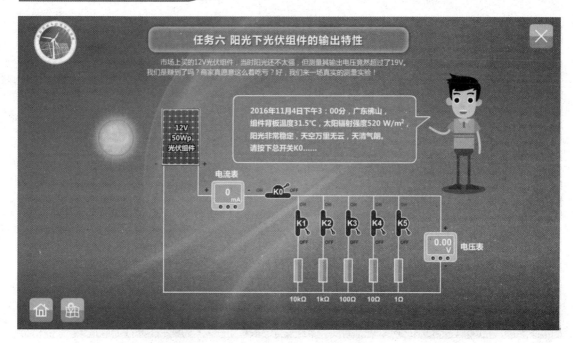

图 3-6 阳光下光伏组件的输出特性（一）

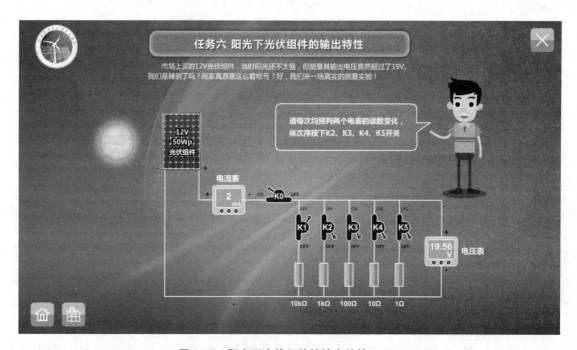

图 3-7 阳光下光伏组件的输出特性（二）

读数先写下来。在这个过程中我们会发现一些规律，而且会越来越有信心。

如图 3-8 所示，只剩下最后一个开关还没有闭合。当 K5 合上后，两个仪表的实测值将立即显示。对于没有做过这一实验，也没有相应理论基础的读者，K5 闭合后的实验数据相信是会令人非常惊讶的。

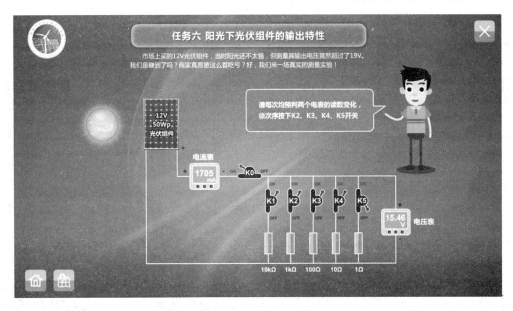

图 3 - 8 阳光下光伏组件的输出特性（三）

K5 闭合，两个仪表当时的实测值将立即显示，一块标称 285Wp 功率的光伏组件，在阳光下实际测量，真的可以输出 285 W 的电功率吗？我们需要知道太阳辐射强度的值，才好做出判断。

如图 3 - 9 所示，任务四测量太阳辐射强度的值。看图 3 - 9 中的 5 个小图，哪些的数据来源可以获得太阳辐射强度较为可信的测量值？我们可以用排除法，看有没有哪些是属于不确定或不适宜的："手持测量仪器""固定式测量仪器"，相信通过这两个途径都可以获得可靠度较高的数据；"自己制作测试仪"，这个相信有可能吧；"万用表"我们平时用得多了，在万用表表盘上面并没有太阳辐射测量，这一项应该排除。

图 3 - 9 测量太阳辐射强度的值（一）

如图 3 – 10 所示，将下面的选项拖动到较为合适的区域中。

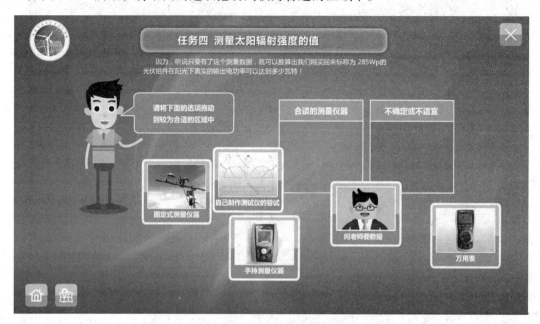

图 3 – 10 测量太阳辐射强度的值（二）

如图 3 – 11 所示，这难不成还真的有老师能用眼睛就可以判断？

图 3 – 11 测量太阳辐射强度的值（三）

其实，长期从事测量，特别有经验的专业人员是有可能通过对云层、地面阴影、反射物特征等的细微观察，在一定程度上给出太阳辐射强度的评估值。

3.5 特别推荐的补充任务

本节我们将探讨"光伏组件的串联连接",看组件需要怎样连接起来才可以让系统正常工作。

如图3-12所示,逆变器是必需的,已经事先移进了安装框。我们可以数出来,图中总共准备有5块组件。现在,我们把需要用到的光伏组件用鼠标拉进安装框吧。

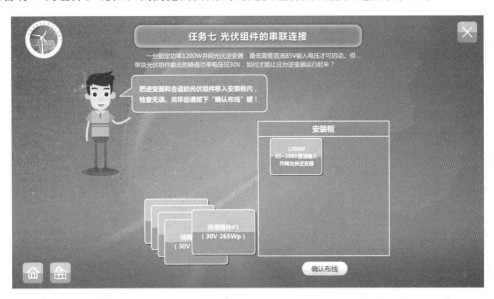

图3-12 光伏组件的串联连接(一)

如图3-13所示,目前已经放进去安装框的有三块组件,我们再来核算一次,没问题的话就按下"确认布线"按钮。

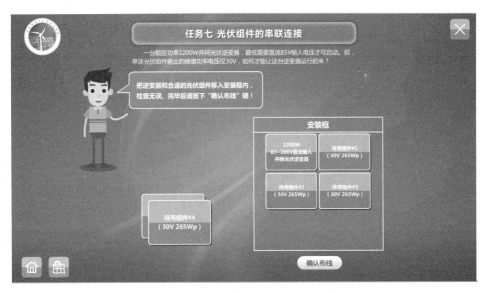

图3-13 光伏组件的串联连接(二)

如图 3 – 14 所示，在阳光下逆变器已正常启动，光伏组件的能量已安全并到国家电网，在实验的现场，我们还能读出光伏组件发电的数据。那么，现在我们可以确认这套系统合理吗？会不会还有更多需要思考的？

根据图中的卡通人物描述，这套系统"为什么每次要等到太阳升起来老高了，才开始并网呢"？原因是什么？有解决方法吗？

任务可以再来一次，看我们深思熟虑后再次做出的选择，会不会获得更高的评价。

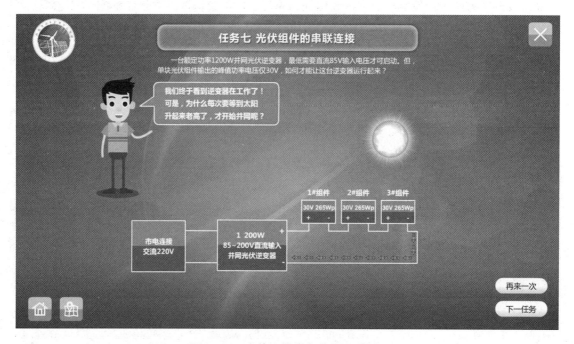

图 3 – 14　光伏组件的串联连接（三）

3.6　任务列表

本章的太阳能光伏发电系统互动资源虚拟实验，其主体部分主要由基础初级、标准中级和高级进阶三大部分组成。

图 3 – 15 所示为基础初级部分，共有三个任务：常见的发电方式、光伏发电的基本应用、光伏发电的必要条件。其中包含前面我们详细探讨过的任务三"光伏发电的必要条件"。

图 3 – 16 所示为标准中级部分，共有六个任务。前面我们已经详细探讨过任务四"测量太阳辐射强度的值"、任务六"阳光下光伏组件的输出特性"、任务七"光伏组件的串联连接"。

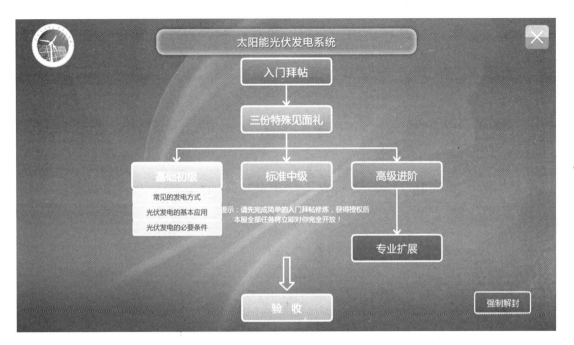

图 3 - 15　基础初级部分

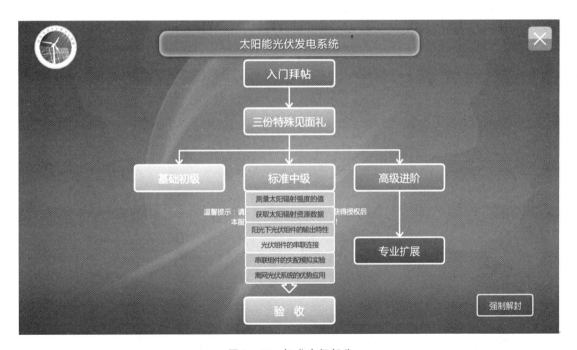

图 3 - 16　标准中级部分

　　如图 3 - 17 所示，高级进阶部分共设计有三个任务：选装一套离网光伏系统，选装一套并网光伏系统，一项光伏应用国家专利。

图 3 – 17　高级进阶部分

另外，在最后的专业扩展任务中，还包含有设计一个"全球超级光伏电站"，这是满足未来人类用电需求的一个畅想，同时又有着较为严谨的科学数据去支撑。其具体分析的课题是：由光伏发电来提供全人类电力需求的 95% 以上，欢迎有兴趣的读者直接进入接受挑战。

第 **4** 章

推荐的实验室测试项目

本章共 5 节，包含 5 个推荐的实验室测试项目。

前 3 节是在离网光伏系统设计基础中精选的 3 个较为经典的实验内容；而 4.4 节、4.5 节的实验内容少见，是 2 个我们曾经历过的基于"梦想"的创意设计测试内容。

4.1 节内容的实施，是把光伏组件直接置于户外阳光下，测量光伏组件两个关键的输出参数。对于没有接触过光伏组件的读者，本节内容相当的精彩和富于吸引力；而对于已经在光伏系统应用领域有了相当实践经验，但之前没有做过这一实验的，笔者认为还是值得重新尝试；若已做过这一测试实验的同行，可快速浏览一下本节具体的实验设计细节，也许还是会有一些相当价值的细节可以互相启发。

4.2 节的测试，是让我们可以更接近光伏组件的真实工作情况。具体是在第 1 节基础上，把光伏组件的输出变化与太阳辐射的瞬间值二者同时测量相关联起来。

4.3 节的实验，是单独测试离网系统中目前占有最大市场比例的储能电池阀控密封铅酸蓄电池的基础放电特性。若之前没有细致做过相关测试，我们必定会有一些惊讶与发现。

4.4 节的设计源自多年前一位非洲客人非常大胆的构想，从常规设计而言是不可行的，不过，我们最终还是在应用层面上取得了一些突破。更为重要的是，从这位特殊的客户身上，我们收获了一些创造性的思路。

4.5 节则源于在课堂讨论时学生的一个突发奇想，后来，我们真的给创造性地实现了。

因 4.4 节、4.5 节的内容，都曾给我们在需求和创意上注入了一些原动力和专业设计的快乐，因此专门有了这 2 节的分享。

4.1 光伏组件开路电压与短路电流实测

这是太阳能光伏系统应用的一个非常经典和最为基础的实验之一。

实验所需的仪器设备很少，步骤设计、数据表格绘制、具体实施等的难度均不大，安全风险方面也可以很好地控制。该实验虽然相对简单，但仍然值得我们细致严谨地去面对、记录和体验。特别是完成实测记录环节，建议从一开始就养成良好的习惯，实验会超越想象。如果我们是第一次接触光伏组件，实验过程还真会相当有趣。

4.1.1　光伏组件的铭牌

（1）我们可以举个例子，请先看两张照片。

如图4-1和图4-2所示，照片分别是从光伏组件的正面拍摄，以及其中一块组件背后的铭牌。图4-2是一种之前在光伏市场上非常流行的多晶硅太阳电池组件。

图4-1　实验室顶楼的光伏组件

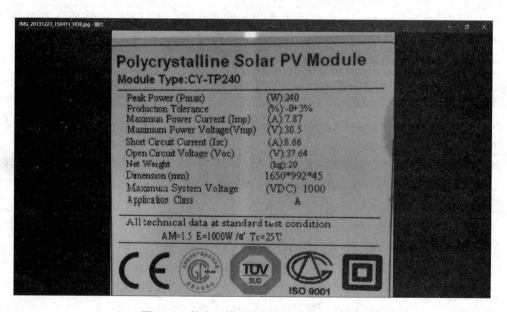

图4-2　其中一块光伏组件的铭牌（部分）

（2）组件铭牌的英文翻译。

在国际市场上买回来的光伏组件，或者国内厂家出厂的专门用于国内销售的组件，其铭牌上都几乎看不见有中文字。尤其是在技术参数部分，可以说是几乎无一例外全是英文。关于这一点，语言这一关是必须要过的。

组件铭牌的具体中文翻译记录在本书第五篇之后的附录，我们可以在上面通过手写的方式逐渐完备起来。当然，这其中的两个技术指标必须第一时间努力熟悉起来，即组件的开路电压及短路电流两项，英文的表述分别是 U_{oc} 和 I_{sc}。

（3）峰值功率电流。

峰值功率电流，是需要各位特别注意的一个技术指标。

峰值功率电流与实验想要测量的短路电流肯定不是一回事。而且，在以后我们将会慢慢发现，峰值功率电流这个数据同样是相当有价值的。

4.1.2　如何测量光伏组件的开路电压

1. 测量电压的仪器和方法

测量电压常见的仪器包括万用表、电压表、较高精度的台式万用表及电压测量设备，如微型数字显示电压测量单元部件等。

图 4 - 3 所示为一台 5 - 1/2 位的台式万用表，其分辨能力比我们较为熟悉常见的手持式数字万用表更高，可看到实验中测量对象上更多的细微变化。

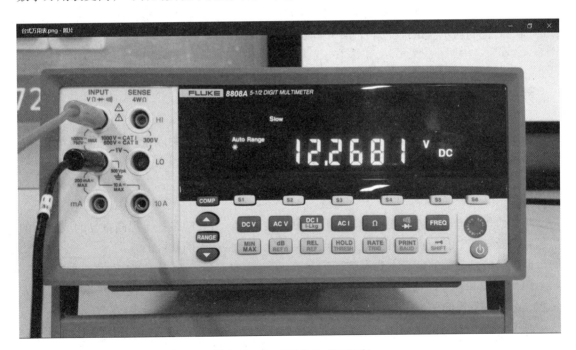

图 4 - 3　5 - 1/2 位台式万用表

由图 4 - 3 可见，当测量一个刚拆开包装、标称 1.5 V 的干电池时，电池正负极两端的开路电压读数为 1.593 46 V。可以预期，在本书后面的第 6 章进入离网光伏系统检测的时候，用这个测量仪器来测试系统储能电池的在线电压，哪怕是极细微的能量增减变化，都很有可能在电池端电压的变化上看出一些相关痕迹，并进一步探寻更多的动态规律。

若我们还有更高精密程度的测试需求时，实验室里还备有一台比这个型号的分辨能力高一个级别的设备，可用于更高要求的精细分析。

2. 测量组件开路电压

互动交流常常很有价值，本书排版时会在场景问题提出后专门留有一些空行，以方便读者手动去填写当时的第一时间回应。另外，初步写完后，建议千万不要忘了在后面注上详细的年、月、日，甚至是具体的时间点。

具体操作时有如下三点思考：

（1）组件应该放哪里？室内、直接置于户外阳光下，还是用黑布遮住？

（2）测试仪器选了哪个？全准备好了吗？连接电路图、连接件、电线都备齐了吗？仪器需要电池供电吗？若有电池供电那么电池本身已经充好电了吗？仪器开机是否正常？是否需要先行在室内检查一下仪器是否可信？

（3）这个实验有危险吗？人员会不会有触电或被电击的风险？仪器自身会不会有危险？具体的表笔、挡位、量程 1 都完全核对好了吗？

3. 推荐的实测数据记录表格

具体记录表格需自行绘制，表格中宜包含但不限于的元素建议如下：

时间、地点、测量仪器（含序列号或实验室贴的内部编号）、测量对象、测试人员组成名单；预期值（实验开始之前需先完成填写）、实测值、实测与预期值的相对偏差（百分比）；可尝试进阶探索的实际多次测量时的特殊或规律现象记录（如组件倾角、方位角、不同时间的变化的初步尝试性探索及第一手测量数据的记录）。

*** 任务进阶 ***

如果待测量的是较高电压的组件，从安全角度而言需要怎样去测量？

可否提出两种或以上的防护方法？需要绝缘装备吗？遮光的黑布会有需要吗？

4.1.3　组件短路电流的测试

与前面开路电压的测试项目类似，我们可触类旁通。重要的是：①提高重复的或相近的操作精度及效率；②重点找出关键特征点进行有针对性且严谨的探究。

此处需特别强调的核心主要有：

（1）挡位和量程的选择。表笔插口确认？电流及交、直流挡位选择正确？测量的最大量程、分辨力都没问题？

（2）当前拟进行的这一步，确实真的可以放心安全操作吗？是否需要指导老师帮再次确认？

（3）在每一次动作之前，均请初步预期当前拟进行这一步操作可能出现的测量数据值（或可能的数据范围）。

特别警告：对高压大功率组件，当太阳辐射强度较大时，正负输出短接与切断操作的瞬间均可能有强烈的电弧。这并不是说简单的人员绝缘装备保证好了就不会触电，就可以确实保证人员的安全，其实仍然存在相当多的潜在风险。

如极端情况下组件在阳光下的短接仍然可能会有皮肤烧伤、高温烫伤等的风险；而电弧放电的刺眼光线甚至对眼睛有直接造成损伤的风险等。当然，硬件本身的风险，如 MC4 的接插件、甚至是光伏组件也增加了风险。

由此可见，文前所提的遮光黑布，也许会是一个不错的工具。

*** 任务进阶 ***

短路电流实际测试时，如果可以设法让其电流在实测过程中缓慢上升，并最终稳定在峰值，那对设备本身自然是非常有利的，对人员的人身安全方面同时也有相当程度的提高。希望可以有最为简单同时又安全可靠的方法，可以通过讨论得出 3 种，甚至有更多的可行方案。

遮光黑布完全把组件遮挡然后缓慢移开、组件反扣在地面上把输出正负极短接好后再平缓地将组件慢慢翻转、组件放在室外现场可以找到的阴影中缓缓平移到阳光底下、使用光伏组件的户外测量专用设备如 IV400 等方法，这些全都是可行的吗？

为此，我们专门设计了一个可实现组件短接实测过程中电流自动缓慢上升的电路，申请了国家的实用新型专利并获得授权——"一种光伏组件的现场测试仪"。此处我们摘录了其中的关键电路设计，图 4-4 所示为"一种光伏组件的现场测试仪"的核心电路原理图，供各位读者参考。该图源自公开的专利技术文件，我们可通过国家知识产权局官网搜索获得更为详尽的描述。

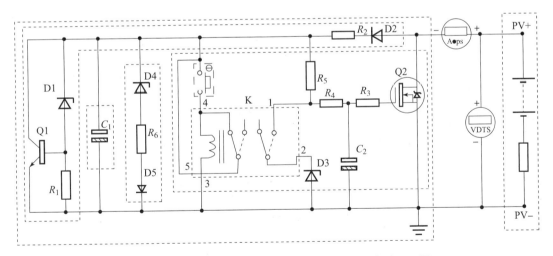

图 4-4 "一种光伏组件的现场测试仪"的核心电路原理图

如图 4-4 所示，该电路设计相当简单清晰，电流动态上升时线性效果良好。另外，用户在现场操作过程中还有一大优势，即该设备无须使用任何外接的电源，自然也就不再需要电源开关。整台测试仪在人员操作方面只配有一个启动按钮，及一个用于判定人手操作是否已获得许可的"准备就绪"LED 指示灯。

现场运行时，在接入光伏组件的瞬间，不会有任何可见的电火花。待到指示灯自动点亮之后，只需手动按一下启动按钮，光伏组件的输出电流将平稳地提升直至进入最后稳定的设计短路状态。此时，我们即可安全地读取安培表上组件的短路电流数据。

4.2 光伏组件 U_{oc} 与太阳辐射强度的关联测试

经过前面4.1节"光伏组件开路电压与短路电流实测"的训练，开路电压 U_{oc} 的测量没问题了，那与太阳辐射强度如何实现关联，关键点是在哪里呢？

最基本的关联可以有如下两个要点：

（1）获取太阳辐射强度的实时数据；

（2）如何将开路电压测量与太阳辐射强度数据同时记录。

当然，进一步的希望是将数据输入软件中，生成二者相关联的曲线。

太阳辐射强度的动态测量数据，其传感器安装在实验室顶楼的天台上，如图4-5所示。传感器实时测量所得的一些数据，通过通信协议在实验室门口的显示屏上公开，具体如图4-6所示。

图4-5 太阳辐射强度动态测量数据

具体地，显示屏的数据是通过安装在实验室顶楼的传感器检测太阳辐射强度的值，通过数据采集器生成动态数据库的读取而最后公开出来的。一般情况下，太阳辐射强度变化不剧烈时，可以认为与我们测量的光伏组件 U_{oc} 值二者基本上是同步的。

至于实验室5楼显示屏数据与顶楼天面之间的物理距离，如何实现同步的记录，相信我

图 4 - 6　实验室 5 楼的数据显示屏

们可以想出很多的办法。不过，具体在一些细节上还是很值得我们去思考，以求获取更小的时间差。

　　实验数据表格的绘制及后期处理，一些安全方面应该注意的事项，我们均可以适当参照上一节的思路去完成，在此不做详细的描述。

　　至于进阶的内容，毫无疑问，应该是做光伏组件 I_{sc} 与太阳辐射强度的关联测试。尤其是完成了 U_{oc} 与辐射强度的关联测试并生成曲线之后，相信测量 I_{sc} 与辐射强度关联的愿望会特别强烈。

4.3　阀控密封铅酸蓄电池对卤钨灯放电曲线实测

　　阀控密封铅酸蓄电池对卤钨灯放电曲线实测，这是一个非常典型的基础实验。

　　经历了完全手动读数与记录，直到把蓄电池放电至一个获得允许的相当低的储电量水平，然后测绘出曲线。读者在这一过程中可以真切地体验常用的阀控密封铅酸蓄电池的持续放电工作状态，对离网光伏系统的探索起到非常关键的基础作用。

　　图 4 - 7 所示为学生在实验室做阀控密封铅酸蓄电池对卤钨灯放电曲线实测时的场景。

　　本实验内容本身没有特别的窍门和难度，具体操作及思路方面可详细参照本章的 4.1 节流程分析进行展开。其中特别需要提醒的潜在风险至少有三个：①卤钨灯珠的高温，非常高危；②近距离下卤钨灯的光线较为刺眼，中等级危险程度；③蓄电池正负极可能不小心地短接，高等级危险。

　　卤钨灯珠不仅在正常点亮时有极高的温度，哪怕是断电熄灭，在数分钟后灯珠的残余高

图 4 – 7　阀控密封铅酸蓄电池对卤钨灯放电曲线实测

温还有可能维持在烫伤人体皮肤的程度，对此需要做出特别的重点防护。至于卤钨灯光线的刺眼问题，设法遮挡不让眼睛直视到即可。最后，蓄电池正负极万一短接，那可不仅仅是有可能损伤蓄电池内部、接线端子灼伤、导线的局部高温熔化等设备问题，连人员都有可能受到高温、炫目，甚至火灾等人身风险的威胁。因此，务必小心严格预防。另外，在一些具体操作细节上值得我们每时每刻做好思想准备，同时完备相应的操作规则。

本实验的电路图非常简单，数据表格的制定、具体操作流程等在这里均为无须过多描述。但哪怕再简单的工作，对初入门的读者，比如电路图是必须自己画好且经核对确实无误后，才开始严格依据手绘的电路图逐根线进行有序的电气连接。

另外，实际测试过程，在没有特殊需求的情况下，蓄电池放电终止电压在线测量值定在10.8 V 或以上较为合适。

还有一个补充，操作起来非常简单。就是在实验过程中，把卤钨灯断电之后，让万用表继续保持连在蓄电池上。当然，要继续读取蓄电池的电压数据，每隔固定的时间间隔就人工记录一次。至少测试 15 min 以上，把实验获取的原始记录输入计算机的数据处理软件，如Excel 等。通过软件自动生成蓄电池电压的曲线，然后再行探讨。

∗∗∗ 任务进阶 ∗∗∗

本任务进阶需要完成阀控密封铅酸蓄电池对 LED 灯放电曲线实测。对卤钨灯珠放电曲线实测完成后，可以换用 12 V 的 LED 灯按流程再做一遍，这个题目是非常值得推荐的。

蓄电池对卤钨灯的放电曲线大多与想象中的没有太大的差距，数据基本是在我们掌握中的一种自然趋势。但用同样的方法，测量 LED 灯的连续放电然后实际绘出曲线，绝大多数学生在一开始基本上都表示难以置信。

4.4 自定制光伏组件对蓄电池直接充电的尝试实训

自定制光伏组件对蓄电池直接充电的尝试实训，是一个有趣的故事。

当时国际市场上的太阳能控制器售价很贵，而且可选择的太阳能控制器型号非常稀少。也许是基于市场利益的驱动，也有可能就是一种无知无畏，现在回想起来，能够提出这种商业需求，真的是一种勇气。当时我们听到客户提出这一需求，第一反应都是相当惊讶。后来，经过与客户反复沟通以及相当多的评估测算之后，我们还居然真的把这种不带控制器特殊定制的离网系统给做了出来。

显然，客户的需求里有一对非常明显的矛盾：这种由光伏组件对蓄电池直接充电的系统，当然必须得保证蓄电池足够的安全。为此，只好强制性地限制光伏组件的最高输出电压。另外，为了利用一天中更长时间的阳光资源，系统希望光伏组件的输出电压相对较高。那是因为，若组件设计的电压值过低，我们将要等到阳光非常强烈才有可能观察到有充电电流产生。

必须强调的是，这套光伏组件直接对蓄电池充电的系统是当时专为非洲客户定制，虽然历经数年的使用仍然保持着相当的安全性，但若有读者想要简单地直接把其中的详细参数全盘复制后整套照搬来使用，那么系统出现安全问题的概率相信是存在的。甚至，其危险系数还挺高。

因为，这一极其特殊的设计，是基于当时非常详尽地深究了当地居民具体用电习惯、当地太阳辐射变化情况、气候特别是白天的极限温度（主要是低温）、人为介入的可操作程度等细节综合而成。方案实际上相当保守，更直白而言是发电量牺牲较多。因此，最终我们的设计是在当地太阳早上和傍晚的时候均基本放弃充电，在正午的前后可实现安全充电。特别是保证冬天阳光极为强烈时，以及综合考虑可能的极限负载等情况下，系统仍然安全。

当然，因为所有定制的数据都是专为特定的太阳资源、气温条件及用电容许等情况反复修正综合而得，思路当然可以分享，但具体到设计数据上则不可能是通用的。

我们实验室还专门定制了很多不同输出电压规格的小功率组件，甚至还有低于 1 V 的光伏组件。如果需要，我们当然可以将多个组件串并联组合起来使用。如此，我们可以非常方便地第一时间去把自己各种的奇特想法付诸实际，轻松地实现在阳光下完成这一直接充电系统的搭建和数据测试。

*** 延伸阅读 ***

关于直充系统的这一设计，在技术和市场的进步之下，现在感觉已是相当久远。但时至今日，这个经历仍然不时地会给予我不少的触动。

现在我还时常很惊喜地能看到，在商业上、市场中，包括我们部分的毕业生，有越来越多的年轻的"小师傅"们，会很享受客户对自己提出超越公司既定标准的服务要求。而且他（她）们常常也会在公司资源允许的前提下，非常努力、有创造性地去设法实现客户所提出的需求。

显然，这可不仅仅是限于单纯"雷锋"式的奉献精神。更深层次本质的追求，相信是在客户需求得到超量满足的愉快基础上，"小师傅"个人能力提升和创造力、经验积累的绝好途径。这对潜在的有更高质素的客户、对"小师傅"个人、对企业的品牌美誉度积累三方面都有非常积极正面的价值提升。

其实碰上好的客户，而且我们非常努力开创性地去完成，将来我们成长起来后，再回头看自己走过的轨迹就会发现，那些曾经提出个性化要求的客户几乎全都成了我们想要感恩的好老师。

4.5　用人造光源直接给手机充电设计实验

用人造光源直接给手机充电设计实验，任务需要在夜晚，当然没有了阳光的能量。既然测试任务称之为直接充电，自然不允许使用任何储能器件，既不允许有蓄电池，电容器也不可以使用。

理论上而言，人造光源只要足够强，光伏组件是可以输出充足电能的。只要经过科学的分析和计算，将人造光源光辐射的输出能量，还真有可能通过光伏组件转换为电能并直接供给手机充电。图 4-8 所示为人造光源直接给手机充电的设计实验。

图 4-8　用人造光源直接给手机充电的设计实验

关于人造光源，可以选用之前放电曲线测试实验用过的 20 W 卤钨灯。先按单个灯计算，其输出的光辐射能量可以被光伏组件接收到的部分有多少；然后，分析光的能量通过光伏组件转变为电能输出多大的功率；如果组件输出的电能几乎全部转化为充入手机的能量，那么最终这个值是手机正常充电功率的几分之一。

计算到了这里，思路已经非常清晰。假若我们算出来，单盏 20 W 的卤钨灯最终转化到可充入手机的电功率是手机正常充电功率的 1/10，那就是说需要有 10 盏 20 W 的卤钨灯同时点亮才可以满足手机的直接充电需求。当然，实验时学生推算出来的灯泡数量都是远超过 10 盏的。

充电进度条在动，可以证明手机输入端成功建立了可用的电压，但具体充电电流值的大小我们还是完全没有把握。即使手头暂时没有合适的设备，希望可测出转换模块的输出端到手机的充电电流值。

这里我们所说的转换模块是光伏组件输出到手机充电口输入二者之间连接所需的适配器，具体可选用市面上成熟的 DC – DC 模块来搭建。实验室用的是依照本书附录 3 所列的实用新型专利，即一种光伏施工人员用太阳能充电器制作的原型机，其公开的技术细节可扫描右上角二维码进入国家知识产权局官方下载。

更进一步思考的同学，至少应提出记录原厂适配器给手机完整充电所耗时间，以及通过人造光源的能量直接给手机充电的耗时，两个时间长度是否相当等方案。

另外的思路是将人造光能量直接充电的实验数据记录下来，而后设法把手机电量放电到刚才充电之前的百分比，接着用原厂适配器的市电充电，同样去记录所耗时间与人造光源直接充电的时长相比较。

关于这个课题，我们可以先试着用自己可以接受的精细程度去分析和计算，因为，对这一实验而言，难以确定的因素非常多，设计推算精度水平的提升几乎是无止境的，将来若有进一步需要的时候我们可以继续追求。

数据计算、测试方案和所需器材全都准备好后，需要找的就是一个足够漆黑的夜晚。

还有，这是第一要素，千万要注意安全！特别是脚下和头部、手部的安全，注意别被非常高温的卤钨灯烫着。

最后，就是记录实验现场的数据。

第三篇　离网光伏系统设计

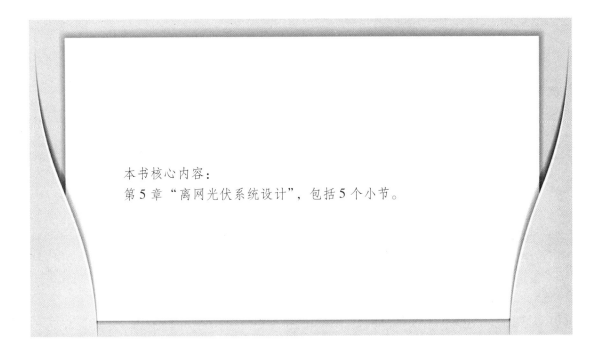

本书核心内容：
第 5 章 "离网光伏系统设计"，包括 5 个小节。

离网光伏系统设计

第 5 章是本书的主要核心内容之一。

本章共有 5 节，前 3 节主要是三个逐层进阶的典型设计任务，然后 5.4 节补充了一个由学生主导并成功申请国家专利的设计方案，5.5 节为市场上几种光伏产品的用电负荷设计验算。

5.1　设计一盏太阳能光伏庭院灯

太阳能光伏庭院灯是光伏系统设计中一个相对简单且非常经典的基础应用。

图 5 – 1、图 5 – 2 所示为安装在我们实验室顶楼的太阳能光伏庭院灯，分别是在光伏组

图 5 – 1　实验室顶楼的太阳能光伏庭院灯（侧面）

件的侧面和背面进行的拍照。图 5-1 组件侧面照片的远景是学校图书馆，图 5-2 照片的远方为地理上的南方。庭院灯在每天太阳下山后自动点亮，而第二天天亮后则自动熄灭。照片当时拍摄的时间是晚上 8：30 分，用手机直接拍摄，没开闪光灯，照片没有做任何后期处理。

图 5-2　实验室顶楼的太阳能光伏庭院灯（背面）

　　现场观察，庭院灯照射的地面光斑较为均匀舒适且覆盖范围广，同时亮度已经相当令人满意。

　　由于庭院灯一般终选取的光源功率都不太大，而且每天点亮时间长度的差别较小，用电负荷相对简单，所以在离网光伏系统的应用中其设计难度是属于较低级别的。也正因如此，非常适合作为我们入门的第一个设计。

5.1.1　负载用电需求分析

在离网光伏系统设计中负载的用电需求分析是极其关键的第一步。

1. 光源的技术参数选择

以现有市场技术，庭院灯的光源推荐选用优质的大功率 LED。作为举例，具体电功率可选 15 W，而光源效率宜在 95 lm/W 或以上；光源色温与庭院灯安装的地点有很大关系，以广东省常年气温和生活习惯等因素，光源色温建议可以在经验值 3 000 ~ 4 200 K 内选取；额定工作电压优选直流 12 V。

关于选用 12 V 直流供电的问题，其实 LED 本是半导体 P-N 结的发光，需用稳定的直流恒流源供电，常规的家用 LED 灯泡正常工作需要经过市电电压交流电变换为低压恒流直流电的过程。显然，直流 12 V 供电相比我们可能更熟悉的家用 220 V 交流电供电而言，相同耗电功率、同一规格发光芯片的 LED 灯泡在直流 12 V 下将会有更高的光通量输出。简言之，若选用同一厂家同一型号的 LED 灯泡，耗电功率也相同，直流 12 V 供电的型号会比交流 220 V 的更亮些。

所以，若有人为了在太阳能庭院灯中安装常规的家用 LED 灯泡，而专门去配上离网逆变器将储能电池的直流输出变换为 220 V 交流电，那么，庭院灯也真的能点亮和工作，但其总体效率之低就是可以想象的。

2. 光源的点亮时机决策

光源的点亮时机决策，一般包括定时、光感应和定时光感两者结合共三种类型的选择。

以现代电子技术，定时功能可以做到非常完美的实现，同时，硬件成本之低、体积之微小已趋于完美，甚至我们可以预先在出厂前将项目所在地的全年每天点亮和关闭的优化数据库注入存储器中去实现自动管理。通常这也是可以良好运作的，但碰到一些极端特殊天气时，这种方法就显得有些力不从心了。当然还可以更高级地通过远程数据写入去专门应对和动态调整，只是有些复杂。

光感应，通过直接判断阳光的辐射程度决定光源的点亮和熄灭，显然更直接更高效。具体实施时，在多年之前还有厂家选用光敏电阻作为光感应检测元件的，这种方案当然宜彻底放弃。因为光敏电阻自身体积小，自然受光面积也较小，积灰后产生的读数偏差会逐渐增大，加上光敏电阻自身的衰退等因素，工作一定时间后其性能明显下降，从而造成过量接通光源的额外时间越来越长，这显然是我们不希望看到的。

而选用光伏组件直接作为光感应传感器的方式，与常规传感器相比，受光面积可以超级大。即使整体有积灰可能，但由于组件有一定的安装倾角和雨水的冲刷效果，可预见其效果相比光敏电阻为优，而实测其输出信号的长年稳定度情况远远高于常规的光敏电阻。

3. 用电需求综述

用电需求主要包括功率需求和用电量需求两部分内容。对常规的太阳能庭院灯而言，正常地选择蓄电池型号后，功率需求通常不需要担心。而用电量的需求，只需简单地将用电功率与用电时长相乘即可。

当然，以上讨论基于传统固定输出功率的简单系统，对于光源带有调光等的设计，需进一步进行具体算法的细化处理。

5.1.2　所有的能量来源

这里"所有的能量来源"，特指供给太阳能光伏庭院灯正常工作的全部能量来源。

1. 不断变幻的太阳辐射资源

太阳能光伏庭院灯晚上之所以可以正常点亮，是因为系统中配有可充电的蓄电池。那么为蓄电池充电的能量来源于哪里？显然，我们没有人愿意、也没有人见过有通过人工的方式对庭院灯蓄电池进行充电的。由此可见，太阳能庭院灯之所以能点亮且正常工作，其所需的全部能量均源自太阳光每天的辐射能量。

我们有白天、有夜晚；有万里无云、天空碧蓝、天清气朗的绝好天气；也有时候明明是有很厚的云层遮挡却偶尔又从云层中穿透出来强烈的直射阳光；有经历过持续十天半月甚更长的绵绵阴雨有如淡淡的水墨国画天气；有夏天强悍灼热的直射阳光，还有冬日的暖暖太阳；一年四季，季节的一些常见特征变化等等，不一而足。

但是地球绕太阳运行的规律是非常稳定的。另外，太阳自身包括太阳黑子的活动规律和强烈的太阳风暴等在内，虽然其变化活跃的能量绝对数值之大，但其实这对太阳的总辐射而言是影响甚微的，更何况人类对这些运行规律也已有了一些科学的探究。因此，总的来说如果没有大气层，我们确实是可以相当精细地计算出任一时刻的太阳辐射数据。

尤其是对我们的离网系统应用，若真有如此精准的阳光资源预测，几个简单的计算公式就可以完成全部的设计并且系统投入运行后也将真的会有不错的效果；没有了变幻天气的因素，我们自然也就无法体验成功驾驭变化资源的快乐和成就感；人类对未知和不可预期领域的持续探究正是人类科技进步文明发展最为强大的原动力之一。

最后，面对地球大气层下的太阳辐射能源，我们可能会有隐隐的担忧，阳光所带给我们的能量究竟能有多少？具体的能量数据可以通过测量而获知吗？而且，聪明的同学可能已经进入下一步的思考：对于庭院灯的真实运行，更重要的数据显然是想要知道未来的太阳光辐射情况，显然，这个数据对设计的准确程度而言更为重要。

2. 一个关键的结论

关于刚才的讨论，实际上现在情况还是相当乐观的。其中一个相当重要的关键结论是：对我们在同一地点不同的年份，一般而言全年太阳辐射的平均数值，在每一年统计下来的总辐射量差距并不会非常明显。

因此，我们可以对每天的太阳辐射量先做为期一年的连续测量。然后，在第二年就可以开始每天一边做记录，一边与上一年的同一时间相比对。实际测试发现，不同年份的同一天之间，太阳辐射数据不见得有明显相关性。但每个月、每个季度到每年合计起来，通常时间长度越长，其平均值的不同年份偏差将变得越小。

更为可喜的实际情况是，科学家们早已发现这个记录的数据非常有价值，所以，包括有连续22年的测量平均值等记录数据都是已经可以对公众免费公开查询的了。我们常常是将这些多种的信息资源经过综合分析后，用于预期未来太阳辐射情况的评估，实践证明，预测的效果还是比较让人满意的。

3. 常用的太阳辐射资源数据

航空航天太阳辐射资源数据的获取途径非常多，其中包括经典的美国国家航空航天局（NASA）数据库，新近我们发现已基本成形的SolarMeteo气象数据，当然还可以请求当地气象局的数据，另外还有我们实验室的常年连续测量记录数据，等等。

关于太阳辐射资源数据的更多细节，可参阅本书第五篇之后的附录5。在这里，我们先行引出三幅图作为举例，包括图5-3~图5-5。

图5-3所示为我校太阳辐射资源的NASA数据库查询，具体是将我校的GPS地址（经度和纬度的值）输入NASA数据库后，自动回应得到的太阳辐射数据值。该数据的生成就是基于之前我们提及的连续22年人造卫星对太阳辐射测量数据的平均值。关键数据，请第一时间直接查阅表头为"Monthly Averaged Insolation Incident On A Horizontal Surface（$kW \cdot h/m^2/day$）"的部分，在该表格中最后一个单元格的数据，$3.69 \, kW \cdot h/m^2/day$ 是连续22年的每天平均值。

当然，数据库对全球任何一个经纬度位置均会有太阳辐射数据的回应，包括南北极。有

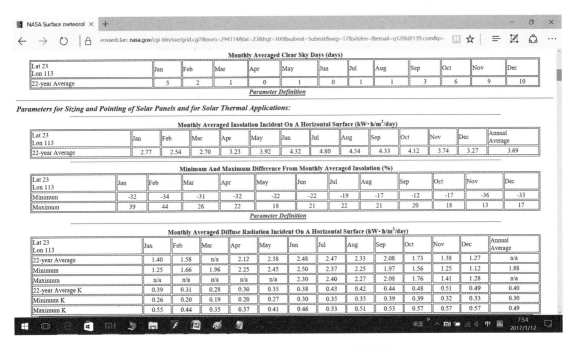

図 5 – 3　我校太阳辐射资源的 NASA 数据库查询

兴趣的同学还可以通过这个数据库查到更多有参考价值或者一些有趣的记录，如不同高度所测得的平均风速、日间出现连续黑天的概率、散射和直接辐射、云量、降雨量、平均气温等。

　　需特别补充一点的是，截图最上面先行出现的表格是属于"Parameters for Solar Cooking"大类，即太阳灶、烧水做饭等用途，当然不是最适合我们的。我们宜选的是"Parameters for Sizing and Pointing of Solar Panels and for Solar Thermal Applications"。

　　图 5 – 4 所示为实验室太阳辐射强度测试仪一个测量界面的截屏。

　　该测试仪主要包括水平及向南倾斜18°等的太阳辐射强度实测记录，图中曲线是一个白天接近 12 h 的持续数据。由图 5 – 4 可推断，实验室当天是典型多云但偶尔有非常强烈阳光直射地面。如在 13：07 前后的一段时间，太阳辐射强度多次超过 1 050 W/m^2，还有 11：37 左右也有一个短暂的尖峰超过了 1 000 W/m^2。该系统的数据测量分辨力和精度均较高，这些测量数据对我们平时开展的光伏应用实验、研究、创新探索等均有相当不错的基础支撑作用。

5.1.3　可实现能量转换的器件

这里特指能实现把太阳光的能量转换为电能的器件。

　　对于小型离网光伏系统，一般情况下，我们暂时不会考虑用光热发电技术。而且，以目前科技前沿来看，在相当长的时间之内不大可能会考虑使用超级微量型的可控热核聚变电源。

　　在笔者看来，毫无疑问，目前市场技术的最佳器件选择是太阳能光伏组件，其在接收太

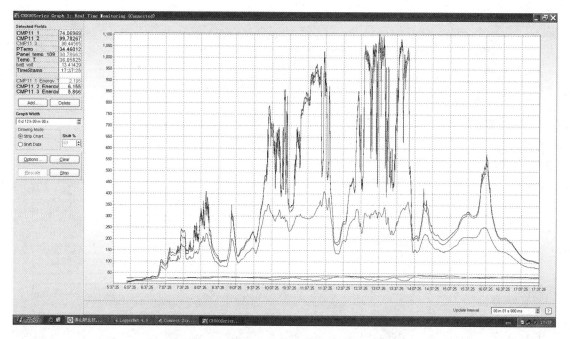

图 5-4　实验室太阳辐射强度测量的一个截屏

阳光辐射能量后，不需任何机械转动部件就可直接转化并输出电能，且使用寿命可长达数十年，目前市场技术的成熟程度相当高，已经成为值得我们第一时间想到和习惯性使用的优选器件。

当然，使用过程中若有用户对太阳能光伏发电的应用体验提出负面的质疑声音，对我们而言，只要是客观的真实评价，那绝对是非常宝贵的。这些个例，应该引起我们的高度注意，并深入挖掘可能的原因。因为，对现有配置的不满意，正是我们改进的核心原动力。

而关于太阳电池及太阳电池组件的具体工作原理、制作工艺、技术指标、选购途径等，以及小功率光伏组件的太阳电池激光划片设计流程，均早有相当多的专业书籍资料可供我们学习和参考。而且，在全球领域内，我国在这一行业中拥有相当的话语权。

本书仅对离网系统可能会用上的常见几种典型材料做个简单的描述。

太阳能光伏组件主要包括有多晶硅太阳电池组件、单晶硅太阳电池组件、薄膜太阳电池组件及高效多结太阳电池组件等。

其中，多晶硅组件显然不是转换效率最高的选择，至少单晶硅组件的效率就要比它高一些。但目前为止，多晶硅组件仍然占有光伏市场的主流地位，主要是出于生产工艺的极高稳定性与市场成本等的因素。综合而言，多晶硅组件目前仍然是有一定竞争力的。

而单晶硅组件由于有相对更高的转换效率，一些有更高专业需求的场合会常常被选用，而且近期单晶硅组件的工艺技术发展及市场应用也开始有迅猛的明显涨势。

薄膜太阳电池组件至少可划分为碲化镉组件、铜铟镓硒组件、非晶硅薄膜组件、HIT 组件等，技术方向非常多，各有其特色及对应的典型代表厂商，不一而足。其中的可柔性卷曲、未来可能直接采用印刷工艺、相对较低的成本等潜在优势适合于一些具体的应用设计场合。

高效多结太阳电池组件是非常值得我们留意的一种产品。这种太阳电池内部的多结叠层薄膜构成的不同半导体有不同的特征能隙，通过堆叠多层的电池活性材料以分别吸收太阳光谱中特定频率的电磁波能量，可以更充分利用太阳光的能量。其输出电压通常远高于常规的单结太阳电池。同时，其最终的能量转换效率比常规最高效率的单晶硅太阳电池要高得多。

不论是实验室的最高实测记录还是市场上可以试着买到的组件成品，多结电池转换效率甚至超过40%，目前暂时没有办法达到50%。

多结太阳电池与内燃机二者之间的能量转换效率其差距已经不是非常大，但若从能源获取的角度而言，差距则非常明显：内燃机要不断消耗燃油，有机械旋转的磨损，需定期做机油更换等的保养；而光伏组件只需接收太阳光，没有任何转动部件，基本无须保养。

5.1.4　模块图及计算过程

本节太阳能光伏庭院灯设计是最核心部分。我们将以电气组成模块图、负载用电量估算、储能电池容量、光伏组件设计、控制器及配件，共5点展开。最后，将设计结果体现在系统设计参数综述中。

1. 电气组成模块图

图5-5所示为太阳能光伏庭院灯的电气组成模块图，主要由直流负载、蓄电池、光伏组件和太阳能控制器四个核心部件组成。

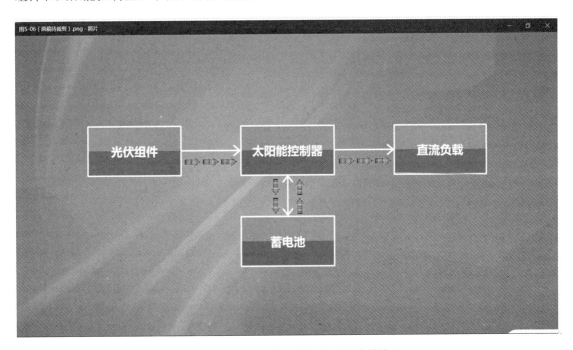

图5-5　太阳能光伏庭院灯电气组成模块图

基本原理：一般情况下光伏组件是在白天接收和转换太阳光的能量，通过太阳能控制器将组件的输出电能储存到蓄电池中，此为蓄电池的充电过程。而到了晚上，光伏组件不再有能量输出，控制器自动将蓄电池的能量输送到直流负载上，即点亮庭院灯，此为蓄电池的放电过程。第二天，在天亮后控制器自动断开直流输出，重新进入白天的蓄电池充电过程。如此，周而复始地形成了太阳能庭院灯的正常工作循环。

2. 负载用电量估算

有了前面5.1.1节负载用电需求分析的基础，在这里我们可很直接地给出一个选择。用电负载可以优选直流12 V、15 W的LED光源，而每天的点亮时长一年四季则会有所不同。作为初步的设计，以我们学校所在广东佛山地区一般的天气经验判断，可取一个余量较为宽松的平均值，如12 h。

因此，负载每天用电量的估算值为

$$负载功率 \times 用电时间 = 15 \text{ W} \times 12 \text{ h} = 180 \text{ W} \cdot \text{h}$$

3. 储能电池容量

晚上庭院灯点亮所需的电能完全来源于储能电池。若在设计时选取储能电池的标称容量与庭院灯每天的放电量相等，显然是不合适的。

一般而言，以目前业内常用的阀控密封铅酸蓄电池为例，电池容量选择时最低限度宜保证两个重要的因素：①蓄电池可以支持庭院灯正常工作的连续阴雨天数；②不建议经常把蓄电池的电量彻底放尽。

庭院灯正常工作的连续阴雨天数一般可取3～5天，视具体的使用场合和客户需求而相应合理设定。另外，也有个别案例要求高达15天，甚至更多。这里我们可以先选择用4天来计算。

经常把蓄电池电量彻底放尽，表面上似乎可以充分利用蓄电池的设计容量，而实际上这样的使用方式通常会导致蓄电池使用寿命明显缩短。只需简单分析一下新电池的采购、物流的成本、旧电池的回收、电池更换的人工成本等因素就会发现，长远而言这种设计在投资上反而是相当不划算的。在具体的放电情况上看，可引入放电深度DOD的概念，具体的选取值对蓄电池的预期寿命会有直接影响。所选的DOD值越小，显然对同一厂家同一级别的蓄电池，其预期循环寿命会越长些，而所需的蓄电池容量自然会更大些。我们可在常见的取值范围40%～70%内选取，如选用60%。

因此，蓄电池的容量设计值为

$$负载用电量 \times 连续阴雨天/放电深度 = 180 \text{ W} \cdot \text{h} \times 4/60\% = 1\,200 \text{ W} \cdot \text{h}$$

而蓄电池额定电压必定是要与负载相匹配的，所以我们用直流12 V。由此，蓄电池选购时所需的安时数自然就可以计算出来了：

$$安时数 = 容量瓦时数/蓄电池电压 = 1\,200 \text{ W} \cdot \text{h}/12 \text{ V} = 100 \text{ A} \cdot \text{h}$$

此处的设计值12 V、100 A·h蓄电池在市场上是常见。

图5-6所示为一个前置端子的阀控密封铅酸蓄电池，照片上所见型号是UXF150-12，即蓄电池容量的厂家标称值为150 A·h。看上去，这个蓄电池的容量似乎比刚才的设计值偏大了不少。而实际上若需要与计算所得容量100 A·h完全吻合的蓄电池，同样是有的，而且很容易在市场上买到。

4. 光伏组件设计

光伏组件的设计可主要以负载的用电量为基础计算，但需考虑储能电池的效率损失、光伏组件表面的积灰、组件串联的失配损失、可能的阴影、组件的性能衰减等因素。一般情况下，光伏组件发电的最小设计值为规划用电量的1.3倍以上。这个发电量的设计值与规划用电量相比的倍数，在离网光伏系统设计中可称之为系统因子。

图 5 - 6 一个前置端子的阀控密封铅酸蓄电池

需要补充的是，在太阳能庭院灯的设计过程中，之所以引入系统因子这一概念，是源自市场上与客户的沟通。这是在初期的太阳能庭院灯产品有了一定时间的实际运行后，与客户的技术沟通过程中逐渐成形的一个定义，属于经验系数的范畴。当然，系统因子的取值越大，离网光伏系统的可支配能量也将越充裕，庭院灯得以不断电运行的可靠性也将相应提高。同时，很自然地，我们必然是需要设计安装更大容量的光伏组件。对于没有个性化特殊需求的太阳能庭院灯市场，我们最终选定的系统因子设计取值通常会在 1.3 ~ 1.8 倍。比1.8 倍更高些的取值也出现过，但实际比例较低。

考虑庭院灯项目所在地佛山地区常年的太阳辐射及天气情况，此处我们可初步选定系统因子 1.5 倍。若全年平均每天的峰值日照小时数取值 3.3 h，则光伏组件的设计装机容量为

每天所需用电量 × 系统因子/峰值日照小时数 $= 180\ \mathrm{W \cdot h} \times 1.5/3.3\ \mathrm{h} = 82\ \mathrm{Wp}$

具体实施时，对于功率较小的光伏组件规格，可按设计值直接定制，也可在厂家的现有规格中选用功率不低于设计值且最接近的组件。

至于光伏组件的电压设计，一般是无须过于费心，可直接优选市场上的成熟产品。不过，要提起注意的是，市面上惯常的说法或者说在商家通行的语言中，常有许多是表达不规范的，只是，这些的不规范通常又会有其存在的意义。

例如，市面上商家在口头表达，甚至在书面的正式订单中所说的 12 V 光伏组件，已经可以很好地与 12 V 的铅酸蓄电池相匹配。而实际上，这种在商家语言中所谓的 12 V 光伏组件，最常用的是由 36 片多晶硅或单晶硅太阳电池串联封装而成，在正常工作情况下其输出的峰值功率电压典型值是可以达到 18 V 的。比如，在白天，只要太阳没有被云层遮挡，我们把市场上买回来的 12 V 光伏组件对向太阳，然后用万用表简单测量组件的开路电压，通常实测的电压读数都能达到 21 V 甚至更高。实践证明，对一般应用场合，光伏组件的这一

设计值具有相当不错的合理性。

本进阶内容将要探讨的是，在前文引入系统因子这一概念时我们提出了一个重要因素：储能电池的效率损失。

首先，在实验室我们可以看到蓄电池的充电是有损耗的，因为在充电电流比较大时可以明显观察到蓄电池自身会发热，光伏组件发出的电力并没有完全转化为蓄电池的化学能。因此，蓄电池充电的效率损失应该引入系统设计中。

另外，蓄电池的放电同样也有损耗，这又是一个需要我们引入的效率损失。

然后，储能电池的效率损失是以蓄电池的系统综合效率来计算，显然，这需要将充电和放电这两个效率的相乘去最终获取。

储能电池的效率损失，这个数据的分析和修正确实是一件让人相当愉快的事情。因为经过修正后，我们的设计值与庭院灯将来真实运行数据之间的吻合度会得到进一步的提高。

5. 控制器及配件

太阳能控制器，对离网光伏系统而言，基本上属于必备的标准配置，如图 5 - 7 所示。其功能主要是将光伏组件、储能电池和用电负载三者安全、有机地连接起来。简单来说，就是最基本的蓄电池充电保护和放电保护作用。

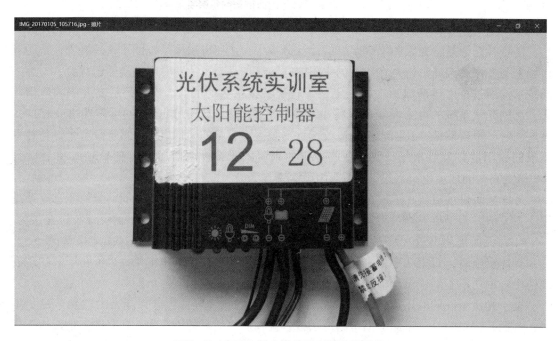

图 5 - 7　实验室的太阳能控制器实物照片

除了必备的太阳能控制器以外，庭院灯的整个系统构成还需要或可能包括导线、接插件、熔断器、指示灯、开关、防雷、接地，甚至还可能需要驱鸟、标识牌、远程监控等。

对于太阳能控制器的选择，最为基础的主要包含 3 个方面：①额定电压，首先需要与蓄电池标称电压相容，同时检查光伏组件的最大极限电压在控制器安全容许范围内；②额定电流，包含最大充电电流与最大放电电流，对庭院灯而言控制器的这项参数一般都是很容易满足的;③过充电保护与过放电保护,这对于目前离网光伏系统常用的阀控密封铅酸蓄电池而言是极为重要的,甚至直接决定了蓄电池的可靠工作和循环寿命。

*** 可选进阶 ***

对于离网光伏系统,比如储能电池选用阀控密封铅酸蓄电池的设计,我们必须继续引入一个新的因素,即蓄电池效率因子。首先,必须要看到蓄电池充电是有损耗的,因为在充电过程中蓄电池是会发热的,因此蓄电池充电的效率应该引入系统设计中;当然,蓄电池放电也同样有损耗,这又是另一个效率损失;最后,即使我们只考虑上述这两个因素,别忘了系统综合效率的计算得用两个效率值的乘积。当然了,对于之前我们的设计取值相应去做一个效率因子的修正,相信是非常值得的。

而且,这还是一件相当让人愉快的事情。因为,我们的设计与系统的真实运行情况将会更贴近了一步。

6. 系统设计参数综述

将上述的5步设计结果综合,可得太阳能光伏庭院灯设计参数,如图5-8所示。

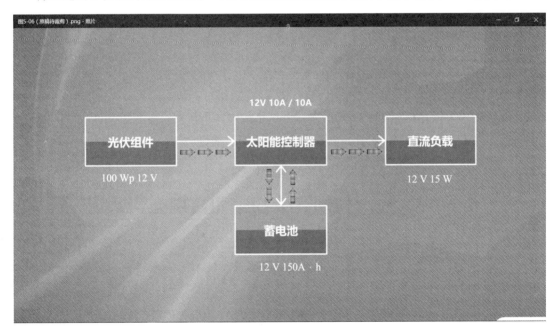

图5-8 太阳能光伏庭院灯设计参数

5.1.5 系统的连接顺序

按逻辑思维去划分,系统连接顺序的内容本不归属于设计。但书稿在历经数次反复的斟酌后,笔者仍然坚持把这部分内容放到了本节的最后。而实际上,笔者希望把这一小节的加入作为我们后面第四篇离网光伏系统检测开篇的伏笔,通过这一小节的探讨预先达成一些思想上的共识,这将会是一场愉快的思维预热。

回顾前面 4 小节的内容：直接从负载的用电需求分析启动；然后，探讨地球上太阳辐射资源的特点，并给出数据来源；接着描述当今市场上各种主流的太阳电池组件分类和选择；最后是 5.1.4 小节，从电气组成模块图的搭建开始，通过每一步骤的设计与计算过程详细展开并得出最终的参数综述。现在整个设计流程已经完成，系统模块图出来了，电路具体连接时也可参考图 5-8 控制器实物照片上印刷的电路图有条理地逐一接线，这将可以很好地实现真实的电气连接。

而在实践过程中，经基本准备后，我们每一届的学生几乎都可以 100% 地一次性成功完成系统的电气搭建连接。

但除此之外，对离网光伏系统来说，还有一个特有的技术关键点是非常值得提出来细细思考的。

如图 5-7 所示，从左到右的次序分别为负载、蓄电池和光伏组件，均为控制器的负极；最右边的红色那根线是公共线，正极，这个与我们比较熟悉常见的系统刚好相反。具体接线时，负载、蓄电池和光伏组件这三个部分我们应该先接哪个才是最为合理的选择？

实际上，我们也极少见到控制器厂家提出接线顺序这方面的建议。但只需稍加思考，从控制器内部电路可更安全地建立起稳定的工作点这一需求出发，显然可以得出结论：先接蓄电池为最佳选择。实践证明，我们分析的结论与实物照片中红色导线上控制器厂家预先粘贴的建议文字其表达内容是完全吻合的。

当然，拆线时应该用何种顺序，在厂家那里似乎也没能找到更多的指引。但经过看似简单但实为严密的逻辑思考，严谨的拆线步骤结论是显然的：考虑到拆线这一过程，同样应该努力保证控制器内部电路的供电稳定性。因此，宜先拆组件，然后到负载，在确认上述二者均已断开后，才最终安全地断开蓄电池的引线。

良好的操作思维和习惯，不仅仅是硬件本身受到的冲击最为轻微和更为安全，同时也是我们自己操作和思维上的严谨训练。这非常值得我们细细体验，同时，也是一种美妙的享受。

5.2　设计一套 100 Wp 的家用离网光伏系统

100 Wp 的家用系统，成本不高。甚至可以说，随着技术的逐渐成熟，市场价已经是可控甚至是相当低的。100 Wp 的小容量，已经可以很好地脱离国家电网，或者是在错峰用电时、偶发的市电供电故障或其他的突发停电时，在自己家里享有独立安全发电的体验。而且，这个系统完全无须到供电局申报任何手续，自己注意用电的安全就足够了。

同时，100 Wp 的家用离网光伏发电系统对一些用电负荷需求非常简单的家庭，是完全可能满足一个家庭最基本（如基础照明等）的使用的。比如，偏远无电的山区家庭、草原游牧民族、小渔船的渔民家庭等。

5.2.1　100 Wp 系统的乐趣之所在

也许有读者会认为，这是只需要把之前太阳能光伏庭院灯的系统配置稍微调整一下就可以顺利完成的事情。表面上似乎真的如此，但实际上，当需要我们做出较为精细的设计时，情况可不会是这么简单。

不过值得庆幸的是，我们对最低入门的 100 Wp 家用系统有了细致的深入设计和运行检测之后，如果再做 200 Wp 设计真的会很轻松，甚至可以是为 500 Wp、1 000 Wp 及以上级别做更多非常有价值的基础储备。而且我们会在基础的 100 Wp 系统实践中踏实地积累更多的检测方法、设计规则，还包括相当重要的信心积累。

因此，我们先从最基础的入门做起，并努力将更多的关键核心精细化，是绝对值得并且非常划算，同时会让人兴奋愉快的事情。

本节将以太阳能光伏庭院灯的设计为基础，针对 100 Wp 家用离网光伏系统的一些全新特有关注点和一些设计细节展开探讨。

5.2.2 可能的新增负载类型

100 Wp 的光伏组件，最终搭建起来的光伏系统容量极小。现在，单块的光伏组件想要买到额定功率在 295 Wp 以上实属正常，甚至单块组件超过 325 Wp 也根本不是什么难事。从组件的铝合金边框来测量，上述功率的整个标准组件面积也就是我们非常熟悉的 1.64 m^2 而已。若我们选择功率仅 100 Wp 这样小容量的组件，尺寸可以基本上按比例做简单的推算。也就是说，其面积仅需约 0.51 m^2 即可实现了。

与太阳能光伏庭院灯相比，家用离网光伏系统负载情况的复杂和多变基本上可说是二者最大的区别。其中，系统可接入交流 220 V 负载甚至可以成为用户期望值的第一可能，因为这样对千家万户原有市电供电的负载有着最好的通用性。另外，带动力性质的负载也需要我们设计时给予额外的关注，最主要区别在于这些用电负载在启动时的瞬间电流可以高达额定工作电流的 5 倍甚至更多。

值得补充的是，对于如笔记本电脑、智能手机等负载，离网光伏系统若选用交流 220 V 输出能量的供电方案，当然会让用户可以非常方便地接入。但如可能的话，还是建议放弃逆变器而改用 DC – DC 变换的方式进行供电，这一市场技术已经有相当的成熟程度，虽然对各种负载情况很可能无法实现全部均可以通用，但因其更有针对性所以也会有更高的电源利用效率。

5.2.3 解决办法

对上述需求，我们的解决方法非常明确，只需增加一台离网逆变器，以蓄电池储存的能量为能源即可实现常规市电负载的点亮输出。

离网逆变器按输出波形的特征至少可划分为两种类型：

（1）低成本的车载型。市场上的车载离网逆变器中，有一种很常见的类型，其输出波形常见为方波，也有修正正弦波的。其电力对电阻性负载没有任何问题，如白炽灯灯泡、电阻加热器等。其优势在于我们用相当低的采购成本即可买到较大的输出功率。

但实际上由于其电压波形与市电的正弦波相比差别非常大，修正正弦波稍好一些但与市电相比还是差距极大，所以真正使用时受限还是挺大的，若我们强迫其用于一些不合适的负载类型，用电器上除了可能会有额外的明显噪声以外，甚至发热或严重发热、用电器的工作相当不正常直至无法启动、用电器寿命严重缩短等异常情况均有可能发生。

（2）纯净漂亮波形的逆变器。这个说法很形象，而更为科学的表述，我们可选用纯正

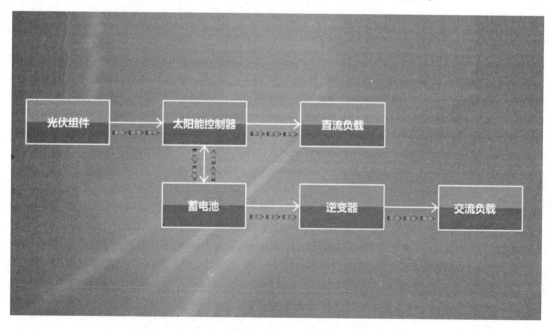

弦波离网逆变器。当然，相同输出功率下这个成本要比方波输出的高得多。不过，当我们试着用较高分辨力的示波器去比对离网逆变器输出和国家电网市电输出的波形，会发现高质量的离网逆变器在带上负载后仍可输出完美超越市电波形的纯正正弦波，这时候我们在逆变器上的高额投资也许就变成相当有成就感的事情。

对大部分的动力负载、带电感性的负载等，方波或修正正弦波输出的逆变器有可能根本就无法启动，或勉强启动后其运行工况也颇为糟糕，比如负载输出功率明显下降、异常发热、运行时能听到让人不悦的持续噪声等。

在具体选择时，逆变器的输入电压可首选直流 12 V，而额定功率则主要取决于你所想要接入的原有市电用电器的标称功率。一般而言，蓄电池短时间内在理论上可以提供相当高的输出功率，当然，若真如此，单次充满电后的使用时间就要大打折扣了。这个可以简单地根据蓄电池厂家所提供的不同放电倍率下"安时数"的定义值估算。但无论如何，这种小容量电池高功率放电的使用组合，对于一般的蓄电池而言毕竟是较为恶劣的工作状态。所以，若选配的蓄电池容量较小，通常不宜对系统输出功率做出过高的期望。

由负载分析可见，一般情况下用户对用电量的期待值会比庭院灯系统高得多，具体的使用情况也将更为复杂。因此，通常我们会建议选用比庭院灯系统的容量更大一些的蓄电池组以较好地满足这一真实的需求。还需注意的是，毕竟光伏组件全年总的发电量是不可能被突破的，在硬件配置不变的情况下，除非太阳光有更多的资源可以被组件接收（比如用额外的镜子将更多的阳光反射在光伏组件上，想办法让光伏组件更长时间对准太阳，甚至是把整套系统搬到阳光资源更好的地区等），单纯盲目地增加蓄电池的容量就希望可获得更多的电力使用，那么实际使用效果是会让人失望的。

因此，100 Wp 家用离网光伏系统电气组成的模块图如图 5-9 所示。

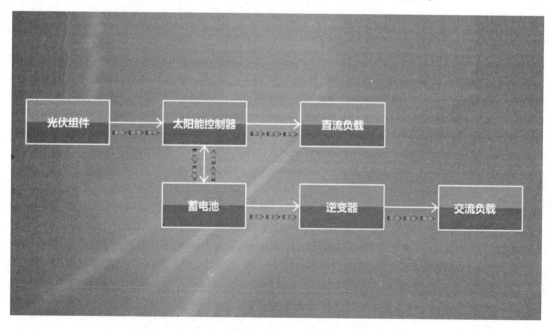

图 5-9　100 Wp 家用离网光伏系统电气组成的模块图

5.2.4　用电量指示

逆变器可以解决用电器类型的问题，在设计和使用中特别注意蓄电池直流端的工作电流限定在合适范围即可安全工作。但是，相比庭院灯中相当固定的直流负载功率，市电负载的多样性就要丰富得多了。除了负载的功率可能相当大之外，用电时间的随机性也要多得多。

所以，负载用电量或者蓄电池剩余电量的指示功能将显得相当重要。清晰、直观的指示功能，可以在一定程度上协助用户较好地做出用电负载分配的规划，及相应用电时长的控制，以更好地保证系统的良性运行。

5.2.5　用户说明材料

100 Wp 离网光伏系统虽然有着"家用"的称谓，但与一般家庭均较为熟悉的常规家电相比，如若想要较为优质地服务好家庭的需求，在具体操作细节上相对而言要精细得多。所以，合理的说明材料也非常关键。

建议至少应包括的材料有快速指南、运行关键参数表、完整说明书。

快速指南的主要目标，是让一般家庭用户都可以通过简单几个步骤的操作就可以让系统安全地运行起来。较为合适的建议是在一张 A4 纸内完成，篇幅长度控制在单页的 65% ~ 85%，争取用较大的字号（如微软雅黑的四号字，甚至可考虑更大些字号），对个别关键部位或文字难以清晰表达的配上图片（如局部特写），以图文并茂的形式去描述常会有更佳的效果。

运行关键参数表的目标是对指示灯的组合状态、电量指示的优秀层次、安全容许、危险边缘等范围的数据分别给予明确的界定，并且可包含对应的部分极端故障应急处理。

完整说明书需要比较完整的分类表述。除了常规说明部分以外，对离网光伏系统特别值得提起补充的注意项有：蓄电池如发生过放电保护后的恢复电压阈值等。

5.3　5 kWp 别墅型离网光伏系统设计

对于 5 kWp 的别墅型离网家用系统设计，经历了前面两节的设计过程后，相信是不会再有人把 100 Wp 的系统用乘法简单地整体放大 50 倍就认为已经很好地完成。当然，设计的整个流程是一致的，但很多技术细节需要有针对性地优化调整。

另外，需要补充一点：本节重点探索的内容是与 100 Wp 系统相比，5 kWp 离网光伏系统所特有的技术需求以及解决方案的获取过程，而对该系统在搭建过程中有可能用上的一些通识技术、常规算法等一般不再做详细引述。如有需要，读者可在光伏专业的相关书籍或通过互联网获取更多的基础资源。

5.3.1　蓄电池组：典型的全新困难

光伏阵列装机容量为 5 kWp 的系统，若系统电压仍然取直流 12 V 不变，我们很快就会发现，蓄电池的设计容量似乎已经变得难以实现。

首先，假设我们仅仅是把前面基础的太阳能光伏庭院灯蓄电池容量设计值 150 A·h 简单放大 50 倍，即 7 500 A·h。可是，目前市场上还找不到一个蓄电池的标称容量可以达到或超过 12 V、7 500 A·h 的。

如果真有这样的规格，若以现有主流的阀控密封铅酸蓄电池技术，这个电池的质量可以简单按质量储能比估算一下，在 2 t（即 2 000 kg）的量级。由此可见，这样的单个蓄电池显然是不大现实的，因此我们应该选用电池组的方式。

把蓄电池并联起来工作的方式，比如在市面上一些充电宝的内部，有见过 4 颗 18650 锂电池电芯并联焊接在一起。那我们可以将 50 个 150 A·h 蓄电池并联组成 7 500 A·h 的电池组吗？答案是不可以。

关于这一点，主流的蓄电池厂家一般均有建议。典型的是，厂家对蓄电池并联数量的上限限定为 4 组。对数量更多的并联需求通常是禁止的，或者需要与厂家联系通过一些专门途径并采用特殊的定制措施。当然，一般情况下我们都不乐意走到那一步。

如果按我们的思路，坚持用最常见直流 12 V 系统电压、配上 7 500 A·h 容量去分析，那么必须要找到单个容量达到 1 875 A·h 的蓄电池，如果有的话，总的容量需求就可用 4 个电池并联来实现。这个容量是蓄电池厂家现有的标准规格，市场成熟量产型。其中关键在于，这种标准规格蓄电池不是我们通常较为熟悉的 12 V 电压，而是只有 2 V 的额定电压。这种电池在业内称为单体蓄电池，直流 12 V 的系统电压只需用 6 个串联组成即可。而且，我们所需 1 875 A·h 还不是其中最大规格的容量，只是可归属于容量稍大的规格而已，且其市场出货量还相当高。

因此，我们可用 2 V、1 875 A·h 的单体蓄电池 6 串 4 并，共 24 个单体电池组合为蓄电池组，最终的输出参数将会很好地符合设计需要的总容量 12 V、7 500 A·h。

我们可查阅典型的蓄电池厂家官网，比如广东汤浅蓄电池有限公司，在产品列表中刚好就有 UXL1880 – 2N 的型号。其中 1880 表征蓄电池的安时数，2N 则表示蓄电池为 2 V 的单体。这种蓄电池的电解液中添加有胶体，设计浮充寿命 15 年。

最后，对蓄电池组 12 V、7 500 A·h 这一设计值，笔者更为建议的第二个选择方案是：UXL2550 – 2N，6 串 3 并，共 18 个单体蓄电池组成。该设计减少了并联电池组的单体数量，同时也在一定程度上减少了连接电缆的节点数。

5.3.2　组件的阴影遮挡情况

5 kWp 的光伏阵列装机容量，以目前市面上的组件规格，可直接优选 16 块 315 Wp 光伏组件。若项目得以实施，在实地安装好之后经过长时间的连续观察，我们可能会发现在一些季节的某些时间段内 16 块组件中会有个别组件被阳光阴影所遮挡。这种情况并不罕见，而在一个光伏阵列中，出现个别组件被严重遮挡，是我们非常不希望看到的。哪怕是光伏阵列中每一块组件均被遮挡但只要一致性很好，这也比只有个别组件被遮挡的损害情况要好些。当然，如果可以做到每一块组件上都完全没有阴影，那肯定是最为理想的。

由于周边建筑等原因出现个别组件被遮挡的情况，若已经无可避免，同时也不愿意减少光伏组件的数量，这时候我们可以考虑在所有组件的背面上均安装一个 SolarMagic 或其他相似功能的电源优化器。此举相当于让每一块组件独立完成最大功率点跟踪，且 SolarMagic 的输出端会自动平衡整个组串的电流，因此这种升级方案实施后，由于个别组件被遮挡所造成的损害将得到较好的控制。

关于前后两排组件之间、其他遮挡物到组件之间等的阴影情况，其详细的分析及计算可参考现今已相当成熟的并网光伏系统设计。包括光伏阵列前后排的计算公式，在冬至日的电站当地太阳时上午9点至下午3点不允许组件前后排出现阴影的评价标准，甚至可给出阳光在任一时刻阴影位置的仿真软件等，这些都已经是光伏行业内相当明晰的内容。有兴趣的读者，可以自行通过书籍或网络搜寻并详细阅读。

至于组件的串并联连接方式，主要取决于太阳能控制器的直流输入端允许的工作电压范围。对 5 kWp 装机容量的级别，若选用带有 MPPT 功能的控制器，其最大功率点跟踪的电压范围则更为关键，宜尽量优选光伏阵列的主要时段总输出均在 MPPT 范围内。

5.3.3　幽灵负载的思考与应对方法

5 kWp 的光伏阵列装机容量，也许配置有前面探讨时设计的 90 kW·h 储能电池组，这个电池组的投入按现在主流的阀控密封铅酸蓄电池每安时市场价计算，已经相当高昂。若用户在这里已下定决心，那么对纯正弦波逆变器的资金预算，通常也是不会过于吝惜的。毕竟离网逆变器所占总投资的比例不大，而更优良的逆变器不仅可靠性、安全性有所提高，其输出波形的完美程度超越国家电网也是完全可以期待的。

较高的额定输出功率值当然可以轻松地带动较大功率的用电器，比如选配的正弦波逆变器连续额定输出功率为 10 kW。只需要将用电时长做到合理规划，系统完全不会有任何问题。这样一来，用户家庭的多台电器同时开启也不会有过多的担心。

主流的离网正弦波逆变器通常可以有非常高的转换效率，例如 98%。

但是，一个新的问题已经出现，我们试着分析某些特定的情况：

例如，当业主家庭用电器需要接入的总功率处于低谷时，比如完全不需要开启空调的凉爽的晚上、业主在露台休闲且灯光负荷很轻，或者离开家相当长时间去度假等，整栋别墅的用电负荷可能低至总耗电功率仅有区区 10 W 量级。显然，这些情况出现的概率并不低。其间，可能配备有安防监控设备，每台常规家用电器关机后其待机所耗用的 1 W 或更多，有的会在 0.5 W 甚至是 0.1 W 以下的功率。

与满负荷输出功率相比，显然现在总的交流耗电功率甚至可以小到几乎要被忽略的程度了。这时，原本就非常优良的逆变器，要安全地带动这些轻微的负载当然没有任何问题。但与大多数读者想象中的可能完全不同，非常奇怪的是，交流负载极轻时，逆变器的电源转换效率从原本的 98%，会一下子降低到 5% 量级！用更为直观的说法，就是逆变器为了输出 5 W 的交流电，需要从蓄电池组端吸收 100 W 的直流功率。

由此，这些实际上很轻微的用电负荷，可被我们称之为"幽灵负载"。

之所以我们要在这里专门提出来分析，是因为这些交流耗电量非常轻微的幽灵负载却在持续地消耗着相当可观的蓄电池组的直流储备能量。尤其是在前后一段时间若刚好遇上连绵不断的阴雨天气时，其影响就会更加严重。这与市电供电的大电网交流电相比，问题显然要突出得多。

而具体的解决方案我们也在尝试中。比如考虑启用双逆变器方案，检测到当总负荷功率足够小时，系统可自动关闭主逆变器，而切换为额定功率 100 W 量级的微小功率纯正弦波逆变器以维持幽灵负载的工作。这时辅助逆变器的电源转换效率通常仍能维持 50% 以上的较高效率。更为关键的是，蓄电池组的直流端输出能量将获得极大幅度的削减。

另一种值得尝试的方案，是将部分负载改用直流供电，这部分的幽灵负载将得以从系统中完全清除。其待机功耗值通常会低至使用常规测量仪器已完全无法测量。其实，市场上能够直接买到可用直流供电的负载，很可能比我们想象中的要多，如分立匹配的 MR16 射灯灯杯、常见于水晶吊灯的 G4 灯珠等，能找出不少光源都是可以用低压稳压 12 V 供电的。小型多旋翼飞行器（无人机）的动力电池充电，甚至是笔记本电脑的供电，都可以由低压直流电源直接提供能量。至于更多的可能负载，如直流电冰箱、直流电视机、直流电风扇等，目前在我们国内的使用是相对少见。

另外，常规交流市电负载还可能通过一些电气基础技术进行改造为直流直接供电。如笔者曾着手改造的一盏精致的流水灯，原来的灯组用户购买回来时需要两组交流输入电线，分别用于给灯泡和水泵供电。后来笔者把灯和水泵均加以改造并且新做了一个控制器，最终让灯和水泵共用一个直流插座实现原有的全部功能，而且额外新增了水泵的自动启动和单次启动的选择功能。

图 5-10 所示为改造后由光伏直流供电的流水灯。作为手工改造的一种尝试，这种电路的直流负载待机功率常常取决于太阳能控制器的输出关断能力。这里我们实测流水灯在待机状态下控制器的负载电流，测量仪器为胜利 86E 万用表的直流 mA 挡，仪表读数为零。改造后无须接入市电，直流 12 V 低压供电。而且由于比原厂标配减少了一组供电导线，视觉上简洁了许多，用户反馈的体验很好。

图 5-10　改造后由光伏直流供电的流水灯

5.3.4　储能电池寿命和性能衰退的主要因素

理论上而言，任何储能器件都有其工作寿命的期限。

以离网光伏系统目前占据主流市场的阀控密封铅酸蓄电池为例，较常见的标准设计寿命一般都在 2~3 年内，这已经是相当不错的表现了。

当然，笔者也见过有一种高标准设定的 1 年寿命设计，相信当时是为了确保系统基本上实现 100% 的极高可靠性，系统运行每满 1 年，全部蓄电池均直接更换下来。至于超过 3 年寿命的设计，在市场上相当少见，但就技术上而言并不是不可实现的。这些的特殊长寿命设计系统在某些特定的应用领域甚至还会有很强的商业竞争价值。

具体影响阀控密封铅酸蓄电池寿命和性能衰退的，主要有以下因素：蓄电池的放电深度、蓄电池的工作环境温度、蓄电池的充放电循环次数、蓄电池本身的特性、蓄电池出现深度过放电的次数、蓄电池过放电后到恢复充电之间的时间长度等。

5.3.5　其他一些值得关注的设计内容

值得特别提起注意的包括但不限于：接地防雷、人员维护通道、极端事件应对装备、通风设计、蓄电池熔断器等。

接地和防雷一般情况下都是必需的，可参照相应的国家标准。

人员维护通道建议保留，以方便日后的运维、检测、二次设计、升级安装、蓄电池的保养和更换等。

极端事件应对装置，主要是在自然界的强烈天灾下，系统可以为人们提供的收音机、手电筒、紧急医疗用品等。例如，泥石流、洪水、狂风等的应对措施。

对于总储电容量设计值较大的蓄电池组，通常会设有专门的蓄电池房间。而蓄电池正常工作时，理论上其内部是密封的，但实际上还是会有微量的电解液分子析出和扩散出来。若是在相对密封的空间内铺设较大量的蓄电池组，在长时间使用积累下，通风的需求是必需的。除了常规的换气速度、耗电功率等之外，还需要换气装置自身的雨水溅淋防护措施。

蓄电池组所用到的数百安培规格的大电流熔断器，是 5 kWp 光伏系统防护的重要装置，在蓄电池和控制器之间串入合适的熔断器，目前仍然是首选的方案。

5.4　学生做的离网光伏微建筑单体设计

关键词：单体、发电、独立系统、可组合。

由于石油、煤炭、天然气等化石能源的过度开采，地球能源供给已经出现危机。而太阳能作为一种取之不尽的能源进入了大家的视野，也促成了光伏行业的出现与成长。

现在的光伏新产品中，有大量的与现有的社会产品结合的产品，如太阳能充电桩、太阳能手电筒、太阳能洗车机等。但存在的问题是，这类产品由于本身设计是以电力或者化石能源为基础运行，而光伏造价较高；效率偏低且不稳定，所以难以得到较好的推广使用。

所以，当笔者想要设计一款光伏产品时，是本着发挥光伏发电优势而去进行，而当设计到了中后期，也越发感到这是一种可促进光伏产业发展同时对现有能源市场空白的补充。最为重要的是，在极端环境中，可快速组装的供能空间，能创造出奇迹。

就像中国人每年都会经历的春节各车站的大量人流滞留，以及大型活动的临时滞留，往往都会造成广场等缺少露天的临时驻点，而这方面临时用电，如果临时拉电搭载普通住宿大棚，又存在用电安全等问题，且舒适度很低，不能体现人性化。这时，有一个安全且自给自足的独立能源空间，能提供更多的便利。

而当出现地质灾害时，往往会伴随电网系统的局部崩溃，通信也会受到很大的影响，信息的流通出现很大的延缓。而且在灾民安置上，现在也基本使用帐篷，舒适度一般，且很难有能源供应。可以说，有电就有希望，这也是一个能源空间体的需求。

而在现在的景区、公共设施改造中，电力电路的重新改造是一件较为麻烦的事情。为了美观以及安全问题，现在大部分电路以埋暗线为主，而一些设施有改造电路的需求，但是要求不高。如果有一个能源空间体，无须复杂电路改造，既能满足用电需求，且能体现环保节能的理念，则是一举多得。

基于以上的需求，笔者做出了以下光伏蜂巢单体的设计，如图5-11、图5-12所示。

图5-11　3D图

图5-12　简易1:30手工模型

5.4.1 产品说明

简介：此产品从外观上看，犹如蜂巢里面的一个单元，这也是它名字的由来：蜂巢单体。它是一个单元空间体，同时也是一个完整的离网光伏发电系统，能独立供能使用。结构上分四层。

第一层：顶层光伏组件，产能层。

第二层：共生层。

第三层：独立空间。

第四层：能源处理控制层。

整体的连接由6根管支架支撑，电气连接线由其中一根管引下。

1. 电气组成

（1）光伏组件：它是光伏发电的核心，其作用是将太阳辐射能直接转换为直流电能供给负载或储存在蓄电池中。

（2）逆变器：如果要求输出为直流，则可以通过该部分将蓄电池的电压转换成不同的直流电压以适应不同的负载设备。如果要求输出为交流，则可通过交流逆变器将直流电变换为220 V（单相）、380 V（三相）交流电，供给交流用电设备。该部分一般采用交流逆变器，逆变器本身应集成相应保护电路。

（3）保护电路：基于系统保护要求，对整体电路进行逆变器后二次保护，如外设接地保护系统，电气开关保护（如电流过流、电压过欠压等保护）。

（4）监控系统：该部分的主要作用是监控各部分的工作参数和工作状态，提供相应环境参数，如外界气温、湿度等，同时提供人机操作界面。

2. 产品参数

表5-1所示为产品尺寸。

表5-1 产品尺寸

顶面边长/m	1.5
占地面积/m²	5.85
高度/m	3
总体积/m³	17.55
实际可用空间/m³	16.38

表5-2所示为物料清单。

表5-2 物料清单

种类	个数	备注
底座	1	电处理区域
顶框	1	发电区域
墙板	6	固定面、门、带窗板
管架管	6	普通管、电路管、排水管

3. 产品细节

图 5 – 13 为整体透视架构。

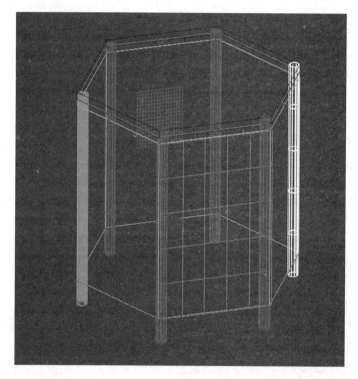

图 5 – 13　整体透视架构

说明：通过透视结构图，可以看出整体具有很好的对称性。其中，蓝色代表电路连接管；红色代表稳固管；白色代表排水管（顶层微倾向排水管，减少顶层积水）。

选用正六边体的原因：①组合可能性较多，除可直线组合，也可曲线组合，平面更是毫无压力。②在扩容方面，六面有很强的扩容性。③美观性高，较正四边体的死板，多了一种观赏性。

整体不采用一体组合的原因如下：①方便运输组装；②正六边体的六个侧面可装可不装，为多个组合留了一种通道，而单个时，也可由用户选择所需要的开门方向以及通风窗的方向，更加人性化。

共生网络：单个的光伏组件屋顶在某些用电较为多的地点会比较难以供应，所以笔者设计了两种补充能源的连接方式。

（1）多个补充：多个组合拼接使用时，在共生成有简单电气连接，将开关转至受体单体时，其他的单体顶层光伏组件可为其供能，可以解决多体拼接，然而各空间的用电不均匀导致的部分供应不足，如图 5 – 14 所示。

（2）单扩容：只需使用单个单体，而又遇到供能不足时，可使用扩容光伏组件，每个顶面边都可以加 1 个扩容光伏组件，即最高可获得 7 倍的能量补充，如图 5 – 15 所示。

市场定位：单体类能源单体、电网外补充、标志性空间体。

功能：

（1）这款产品是作为一个室外光伏行业的单元化产品，单元式离网空间体，既可以单

图 5 – 14 多个组合拼接使用

图 5 – 15 单体扩容

独作为一个空间使用，5.85 m^2 的占地空间，满足商业化经营（如零售店）、社会福利设施（如移动哺乳室）；也可以进行多单元体拼接，比如线性拼接组成光伏直线通道、光伏曲线通道、商业化一条街，拼合式连接，组成蜂窝商场等。

（2）它就如同一个细胞，单个有其功能，组合起来有着无限可能。

5.4.2 使用地点以及活动

适用地点：野外、广场、校园、公园等空旷地区。

适用活动：大型户外活动（作为功能室）；小型户外活动（作为主体空间）；社会福利（作为公共服务设施）。

5.4.3　极端环境意义

（1）地质灾害造成通电受阻时，提供救灾临时能源供给及生活空间安置灾民。

（2）在未通电地区，电网施工时，因为高压电运输会选址在偏离居民区的地方，所以也可为施工人员供能，方便他们的生活。

5.4.4　产品优势

（1）适用批量化生产，组装简易，具有极高的商业价值。

（2）适用范围广。

（3）清洁能源。

（4）大大提高了室外临时用电的安全性。

（5）组合多变，前景好。

5.4.5　产品 Logo

Logo 简介：Logo 的框架采用与产品统一的正六边形，如图 5 – 16 所示。整体色调接近太阳的颜色，表示产品采阳光之能量为自己使用。而中间则是一个 cell 字样，代表细胞的意思。寓意这件产品能够像细胞一般组合，单个可有其功能，当它组合起来，则有无限的可能，相互补充相互成长。

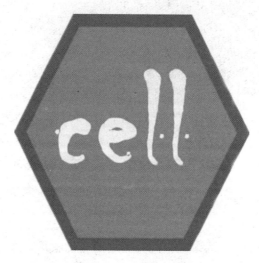

图 5 – 16　产品 Logo

结论：整个设计展示基本结束，其功能基本是参照光伏发电基础的直接应用，结合可拼合移动式建筑，加以一个正六边体，组成了一个独立能源空间体，整体简洁大方。在生产方面，可批量生产，节约成本。而且在当下国家大力宣传推行节能环保理念下，这款产品可以得到很好的推广效应。在功能上，它并没有结合各种用电器，但是却可以跟许多用电器结合，且不需要去改造用电器的结构，可直接使用。在升级方面，它有两方面的可升级空间，一个是时代科技发展下，光伏组件供能效率的提高以及电气设备的发展升级这类硬件升级；另一个就是在整体外形美观，留有空白，并不是因为想不到，而是让它拥有更多的可能性。

5.5 市场上几种光伏产品的用电负荷设计验算

作为光伏产品用电负荷设计验算的初步体验，我们可以先举三个市场上蛮有趣的离网光伏系统的例子。

1. 汉能的太阳能汽车

以下描述来自媒体的报道，我们可以试着对其能源部分做出初步的分析估算。

"汉能也不负众望，一口气推出了四款太阳能汽车，并命名为 Solar 系列，分别为 HanergySolarO、HanergySolarL、HanergySolarA 及 HanergySolarR，这四款汽车全部由汉能自主研发。汉能方面也公布了这几款汽车的一些数据，这些车使用的砷化镓薄膜太阳电池高达 31.6% 的转化率，比如在光照五六个小时条件下，日均发电量 $8 \sim 10 \ \text{kW} \cdot \text{h}$，可以驱动汽车行驶 80 千米左右。"

太阳能汽车，尤其是如果可以做到纯太阳能动力汽车而不需依赖外接电源的充电，显然可以将其归类为离网光伏系统。与太阳能庭院灯相比而言，一个是将电能最终转化为光能，另一个则主要是转化为机械能。我们可以按照庭院灯的完整设计流程对太阳能汽车的能源部分进行初步的验算。

太阳电池效率高达 31.6%，之前已有讨论，是完全有可能实现的。尤其是考虑到汉能这几年对薄膜电池技术所做的一系列大动作市场行为，这个太阳电池的效率数据是不需要怀疑的。那么，装机容量的关键在于光伏组件的铺设面积。

一辆常规家用汽车，若按 1.8 m 宽，5 m 长计算，其面积将高达 9 m^2。假设这个面积可以全部铺满太阳电池，则光伏组件峰值功率计算可得 2.844 kWp。设峰值日照小时数取一个全国平均的较高值 4 h，则年平均下来每天可发出电力将接近 11.4 $\text{kW} \cdot \text{h}$。这个计算值与公开的数据相比，从媒体获知的数据还是有一定可信度的。

当然，具体而言还有不少细节必须进行修正。首先应该看到，媒体所述的日均"光照五六个小时"就是一个不太准确的数据。显然，这一描述与我们严谨的峰值日照小时数是绝对难以等同的。

另外，即使车子真的有我们刚才设定的尺寸，全部铺满的可能性也几乎是不存在的。不过这一点还是有斟酌的余地，因为处于立面的车门等位置虽然接收光能量相较车顶等的平面位置效果较弱，但不见得不可实施。综合起来看，接近 3 kWp 的总装机容量也是可能实现的。

还有一个必须要注意的地方，就是安装在车上每一部分光伏组件显然是难以全部都做到最佳的太阳光辐射角度，甚至有些部分的阴影是难以避免的。所以，即使是总的装机容量上去了，实际使用时平均每天的真实可以发出电力估算也不宜过于简单，需要经过损失分析和一些具体折算的。

至于"发电量 $8 \sim 10 \ \text{kW} \cdot \text{h}$，可以驱动汽车行驶 80 千米左右"，这个在电动车行业内还是比较可信的数据。尤其是整车储能电池的总容量较小，或者说整车总量不太重时，是可能实现的。

2. 韩国马路旁的太阳能光伏警示灯

图 5 - 17 所示为韩国马路旁的太阳能光伏警示灯。

图 5 - 17 韩国马路旁的太阳能光伏警示灯

必须要专门强调这张照片的拍摄时间，2010 年，是因为在 8 年前，太阳电池市场价位比现在要高出很多。

当时，我看见这个设计的第一反应是：看上去面积那么大的光源部分，用电负载相信也不会小吧，但系统中的光伏组件面积相比之下显得是如此之小。而更为夸张的是，在面积本来就很小的光伏组件上，太阳电池所铺设的面积占比还出奇的低。

如图 5 - 18 所示，光伏警示灯的光源部分特写，当我们明确知道这种 LED 光源在额定工作时的耗电功率后，直觉告诉我们重新做数据的计算，才好给出更为科学的判断。

另外，进一步思考后发现，还有一个可能的关键点在于，警示灯是用常亮的点亮方式还是闪烁点亮。若选用闪烁方式，尤其是点亮瞬间与熄灭时间之间的占空比非常低，我们可以将能耗做到非常小。由此，我们可以重回"5.1 设计一盏太阳能光伏庭院灯"的完整流程进行一番重新演算，也许发现评价会完全不同。对此本书不再详述。

图 5 - 18　光伏警示灯的光源部分特写

3. 网络上一个太阳能产品

市场上，在网络购物的途径中这种爆款的产品是常见有推出的。对其中的光伏应用产品，能源部分的设计合理与否，我们只管同样地应用前面的流程和思路，随心地去挑一个产品来完整地做一次验算。

由此，我们可以较为理性地确知，这些火爆的商业行为从能源角度上分析，究竟是真的合理或有可能实现的，还是在现有市场技术的基础上根本不可能实现的。那么我们至少不至于被市场销量等一些可观的数字简单轻易地左右了我们的选择。显然这不仅限于光伏产品，还可以包括有更多产品。

第四篇　离网光伏系统检测

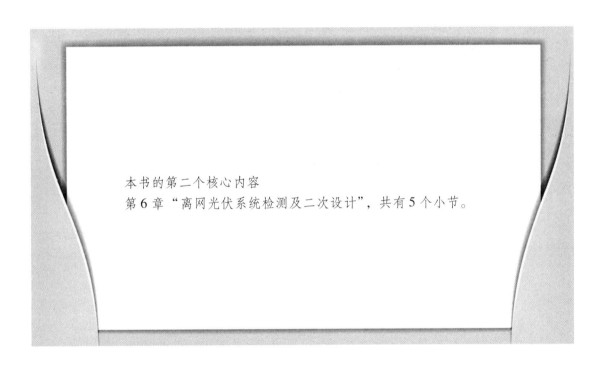

本书的第二个核心内容

第 6 章 "离网光伏系统检测及二次设计"，共有 5 个小节。

第6章

离网光伏系统检测及二次设计

第6章是本书的第二个重点核心内容，主要内容包括太阳能光伏庭院灯检测基础、100 Wp家用离网光伏系统检测及二次设计、为三户居民分别做的100 Wp离网光伏系统个性化设计、5 kWp别墅型离网光伏系统检测及二次设计、人行天桥离网射灯工程检测及二次设计。

6.1　太阳能光伏庭院灯检测基础

基于太阳能光伏庭院灯在离网光伏系统设计中的基础地位，其对应的检测也非常适宜作为基础入门的测试任务内容。

本节内容包括：上电观察、静态基本保护点、连续工作的基本测试点、运行一周的基本测试、连续一个月及以上、系统状态评估及蓄电池寿命的基础预判共六小节内容。

6.1.1　上电观察：五个步骤及三个观察点

1. 接线上电的五个步骤

对太阳能光伏庭院灯的电气初次连接，建议按如下五个步骤严格完成：

（1）参照控制器的说明书自己独立完成手画电路图；

（2）对电路图进行自查和同学间的交叉校对；

（3）准备好连接所需的电线，含颜色、长度、线径、接头等；

（4）按本书第5章"5.1.5系统的连接顺序"讨论，完成蓄电池连接；

（5）严格按自己所画电路图将剩余的逐条电线可靠连接。

2. 指示灯状态的判读

图6-1所示为控制器说明书的指示灯状态示意图，请参照图中示意核对系统的状态。指示灯状态的判读，是三个观察点的第一要素。

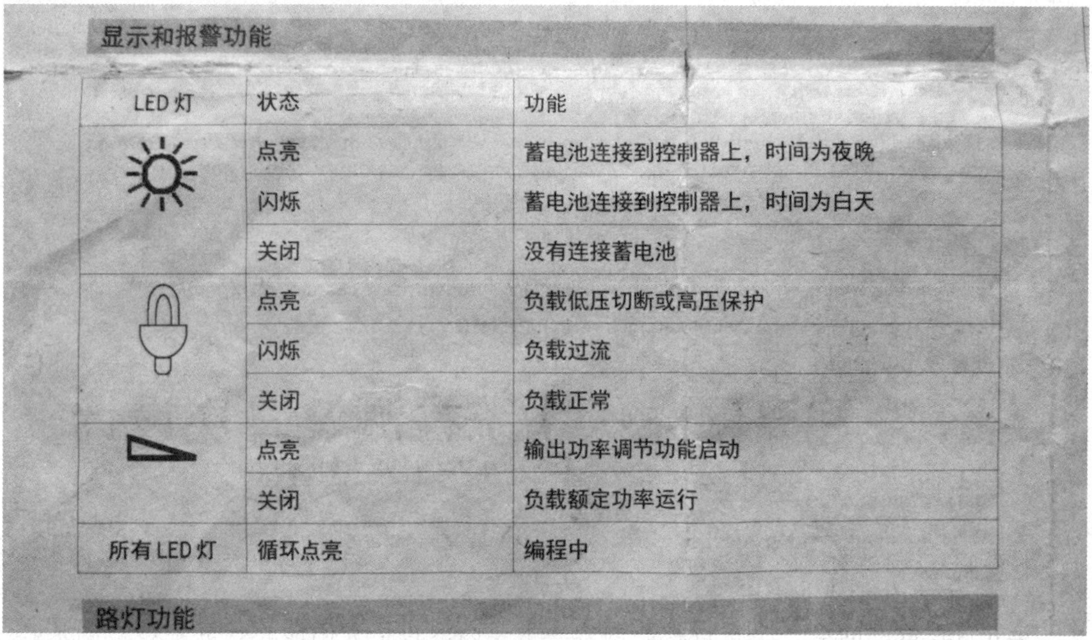

LED 灯	状态	功能
☀	点亮	蓄电池连接到控制器上，时间为夜晚
	闪烁	蓄电池连接到控制器上，时间为白天
	关闭	没有连接蓄电池
💡	点亮	负载低压切断或高压保护
	闪烁	负载过流
	关闭	负载正常
◁	点亮	输出功率调节功能启动
	关闭	负载额定功率运行
所有 LED 灯	循环点亮	编程中

图 6 - 1　控制器说明书的指示灯状态示意图

3. 工程测试导通观察

工程测试导通是第二个重要观察点。只需一个按键，即可对整个系统的基本状态做出初步的判断。

图 6 - 2 所示为太阳能控制器专用遥控器的举例，长按遥控器右上角的"Test"按键，当遥控器接收到控制器的反馈信号即"OK"指示灯绿灯闪亮，控制器的负载将被强制点亮约 30 s。此情景可理解为系统处于工程测试状态，主要是在白天阳光下，庭院灯连线后用于检测系统接线是否基本正确。

图 6 - 2　太阳能控制器专用遥控器的举例

4. 静态工作电流测量

静态工作电流测量是第三个观察点，作为测试内容的补充，可以更真实地衡量太阳能庭院灯系统全局的工作状态。断开光伏组件，在控制器的负载处于关闭状态或系统未连接负载的情况下，测试蓄电池到控制器之间的直流电流值。

建议选用较高分辨能力的小电流直流钳表进行测量，因为这种测量方式对系统原有工作状态不会造成任何影响，同时具有一定的分辨能力。图6-3所示为小电流直流钳表，其测量的直流最小电流分辨能力在毫安级别。

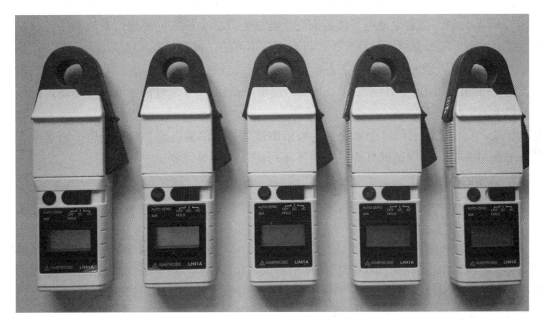

图6-3　小电流直流钳表

6.1.2　静态基本保护点检测

1. 关键任务

通过上电观察的五个步骤和三个观察点，可让我们较准确判断整个离网光伏系统的总体工作状态。而对系统的真实静态基本保护点数据检测，是一个重要的进阶内容，若完美完成本节测试，我们对离网光伏系统的检测就开始真正入门。

对太阳能光伏庭院灯而言，太阳能控制器对系统蓄电池最为基础的任务有二：过充电保护，过放电保护。这两个基础任务是非常关键。

2. 任务需求的提出

多年前一个中午，笔者曾亲历光伏组件在不连接控制器情况下直接对蓄电池进行充电的极限破坏性测试，印象极为深刻。

测试对象是一个标称12 V、100 A·h的蓄电池，从一套正常运行的离网光伏系统中拆下来时还比较新。蓄电池用的是外方独资国内生产的国际一线品牌，通过外观检视工艺非常好，感觉相当沉稳结实，其质量已达 40 kg。我们在实验室外面开阔安全的区域让这个蓄电池接受一块商家标称为 12 V、50 Wp 多晶硅太阳电池组件的能量输出。光伏组件和蓄电池直接连接，没有加入任何额外保护。

第一天阳光很好，光伏组件对蓄电池的最大充电电流在 3 A 左右，蓄电池电压平稳上升，没有发现任何异常。到第二天白天，中午之前阳光一直都很好，充电电流正常，蓄电池电压依然维持稳定的上升，没有发现异常。中午过后，阳光变得稍微不稳定，有时会被云层遮挡。对应地，蓄电池电压也会随太阳光的强弱出现上下波动。

而这次极限测试，我们发现蓄电池真正出现严重问题是在下午 3 点多。在蓄电池端电压上升到 14 V 之后，随着电池电量接近满充，电压上升就由原来的平稳增长逐渐变为快速增加，这时候的电压上升情况已经开始变得越来越不可控。再到后来，电压的上升趋势给我们的感觉甚至可用"恐怖"这两个字去形容了。最后，通过万用表所能读取的蓄电池极限电压，是在很短的时间内上升到 17 V。其实，线电压高达 17 V，对蓄电池的寿命而言已经是影响极大了。

后来，我们还留意到这个被我们的极限测试所摧残的蓄电池，只是经历了短短的不到 15 min 的过充电，蓄电池的外壳已产生了不可逆转的明显鼓胀。

3. 具体的检测操作

具体的过充电、过放电两个保护点的检测，常见有三种途径。

（1）常规的真实系统连续测试。

这个测试所需时间非常长，但是真实程度高，在三种途径中可信度最佳。因此，建议厂家在研发阶段到出厂前均应做这方面的严格测试。在实际操作时只需参照太阳能控制器的技术参数表格小心验证即可，对同一个控制器，一般建议至少重复做三次实际测试。

（2）连续精细可调的模拟电源测试。

只要应用得当，这是一种很有效测试途径。这种方法的测试所耗时间相对而言要比常规真实系统的耗时短得多，可以非常迅速地模拟太阳能庭院灯的实际工作过程，而且很方便地就能够做出大量的精细反复测试。连续可调的模拟电源通常是由企业自己针对控制器和组件的参数特征专门设计制作的，通常都做得相当精细。

（3）按真实系统比例缩小的测试模型。

这个是真实搭建起来的系统，与最终的市场产品唯一的区别在于按比例缩小，这样我们就有可能快速完成一定的测试，可在一定程度上节省材料和时间成本。这一测试途径有一定的实际意义，尤其对研发部门的初期开发阶段有相当的意义。当然，在实验室，也同样值得在这里用些心思去做测试方面的更多尝试。

6.1.3 动态工作的基本测试点

静态基本保护点检测是离网光伏系统测试的真正入门项目，而系统连续运行的动态工作基本测试点数据的获取，可逐步把握离网光伏系统真正的运行内核。

动态工作的基本测试点包含至少三个的测试内容：过放恢复电压、自动点亮及熄灭时的照度值、自动点亮及熄灭的延时时间。

1. 过放恢复电压

过放恢复电压，是指由于太阳资源等原因导致储能电池充电不足，控制器为了保护蓄电池合理工作寿命而自动切断负载的输出，通常这时控制器的过放保护指示灯会点亮。因为蓄电池不再输出能量，而当太阳重新出来后光伏组件的能量将会持续不断地充入蓄电池中。这时，一个设计合理的控制器将保证蓄电池在得到充分充电之前，仍然继续保持不允许蓄电池重新输出电力，直到蓄电池得到充足的充电，其电压上升到一个预先设置的特定值后，控制器才解除这一锁定，重新允许蓄电池输出能量。这一特定设置值即为"过放恢复电压"。

实际测试时我们只需设法模拟上述过程，就可以很好地检测这一设计的真实实施情况，在此不再详述。若有一个缺失了过放恢复电压设计的系统，光伏庭院灯会有什么特殊或奇怪的表现，还是值得去做个实验。

找个没有月亮、星星的夜晚，也没有其他的光源，若一个人在这样的环境下，且只有一套离网光伏系统的光源。同时，由于离网光伏系统中蓄电池的剩余电量已经不足，再加上我们对蓄电池的实际放电特性也比较了解，即阀控密封铅酸蓄电池对卤钨灯放电曲线实测的基础实验中有实际体验过（尤其是实验最后一个自然段所描述的场景），那么，在现在这个实验的场景中，若蓄电池在过放电保护之后，缺少了完善的过放恢复电压设置，相信对最终用户而言，其在视觉上以及心理上将体验到的"难受之处"，是可以明显感受到的。同时，这种异常的点亮—熄火跳变循坏，对庭院灯的电气系统而言也是一种不利的运行状态，而且对蓄电池尤为不利。

2. 自动点亮及熄灭时的照度值

自动点亮及熄灭时的照度值检测是很正常的需求。

以自动熄灭为例，庭院灯点亮后在第二天太阳出来时，应该是自动熄灭的。而决定自动熄灭的因素显然不应该是定时器，光伏庭院灯若参考常规路灯照度值标准去实施通常可较好地符合市民的心理期待值。因此，在实际测试时可以直接用照度计去连续监测，看看太阳能庭院灯在清晨阳光下自动熄灭瞬间的照度值是否与路灯的熄灯标准比较接近。

当然，这毕竟不同于市政建设的路灯有统一的规划。在庭院灯自动熄灭的时机选择上，稍晚些或是更早些，可以依据最终用户的个体体验需求去做出大幅度的个性化调整，这些是没有问题的。

至于自动点亮照度值的测试方法，与自动熄灭的测试方法相类同，此处我们不再赘述。

3. 自动点亮及熄灭的延时时间

大自然中，我们所观察到的天黑和天亮的变化，通常是一个平缓稳定的过程。假若庭院灯控制器检测到的天亮或天黑信息来得非常突然，则多半是传感器检测到了一些的干扰信息。

比如夜晚，早已是亮着灯的时候，刚好有汽车大灯的灯光在庭院灯传感器上扫了一下，庭院灯就可能自然地会误判为"突然，天亮了"。因此设定一个合适的自动点亮及熄灭的延时时间，可以较好地过滤掉一些干扰因素，使庭院灯的最终工作表现更符合人眼的习惯和心理需求。

具体测试这个参数时，可以采用黑布把光伏组件遮住的方法，使庭院灯判断当前为"黑夜"。甚至有学生提出更极端的措施，即直接把光伏组件从系统中断开，这也是一个很巧妙的方法。

我们只需从黑布遮盖或断开组件的瞬间开始计时，观察庭院灯需经过多少秒才自动点亮负载从而获知自动点亮的延时时间。一般而言，这一时间长度一般在数百秒量级。

另外，自动熄灭延时时间的测量同理，可自行设计实验，此处不再赘述。

6.1.4　运行一周的基本测试

系统连接后，在真实环境下真正地连续运行一周或以上，那是非常正常的一个基本测试要求。

对运行一周的基本数据测试，这里提出两点补充要求：

（1）每天系统运行状态数个关键时间点的选取（及前后 15 min 或更多时间点），并做系统运行参数连续一周的记录；

（2）如果条件允许，一周内保持在相等时间间隔（最长间隔可选每小时记录一次）做连续一周运行的数据记录。

至于具体的测试手段，手工记录当然是必需的最基础方法。对刚入门的读者，在条件允许时建议都可进行一次连续不间断的数据记录，包括极偶尔的延续至深夜。

除手工记录之外，我们还可借助可连接笔记本电脑自动记录数据的万用表、视频摄录、可自定义时间间隔进行照片拍摄的相机等多种途径。

完成了光伏庭院灯连续一周的运行数据测试之后，将数据录入 Excel 等类似的数据处理软件，然后生成曲线并做出初步的运行情况分析。

6.1.5　连续一个月及以上的关键数据测试

该型号的庭院灯厂家从产品开发到交付给客户，最长的连续测试时间只有一周。

连续一周时间的测试是一个最基础的起步。但这一周测试期间的太阳光资源要是刚好非常棒，那若碰上阴雨天，庭院灯又会有何表现？进一步地，即使这一周的阳光资源很贫乏，但蓄电池的特性积累其实很可能还根本没有机会体现出来，测试就已经结束了。

持续一个月及更长时间的连续运行数据，是太阳能庭院灯的测试所必须经历的。也只有这样，才有可能更真切地观察到一些具体表现和技术细节。

当然，借助各种可能的记录方法除了可以较为准确地记录原始数据以外，这时候任务重心更多的是对数据进行处理与分析。

另外，还可以提出一个扩展的需求。若实际运行的太阳能庭院灯受条件所限，每天允许到实地去测量的次数最多只能是三次，具体如何安排工作时间段，这取决于实际运行检测时，在哪个时间点可以相对关键地判断系统的较真实状态。一般而言，晚上太阳下山时必然是一个关键时间节点，白天阳光充裕时充电的电流值也是颇为关键，至于太阳出来之前等其他可能的测试点，留待读者在具体实践中进一步思考和验证。

6.1.6　离网光伏系统状态评估与蓄电池寿命的基础预判

当我们对太阳能庭院灯的连续测试达到一定时间长度后，对系统运行状态的评估，以及蓄电池寿命基本状态的获知需求均会很自然地提出。

关于这个课题的讨论，我们提供两种特定天气情况和一个实测情况举例：

（1）庭院灯在连续阴雨天时的实际安全工作状态与设计值的比较。这是一个非常真实的需求。尤其是在阴雨天持续时间很长的末段，蓄电池剩余电量情况的监测将特别值得关注。

（2）在两个连续较长阴雨天之间短暂的晴天天数（如只有 1 天）情况下的工作状态。这是一种相当极端的天气情况，在这一特定时期内太阳辐射资源相当贫乏的情况下，系统的实际工作状态是否能达到设计的预期值。

（3）实测情况的例子，可在积累一定的基础经验下形成。如：与对比组数据相比，相同配置和太阳辐射资源的两套系统，蓄电池充电时电压上升速度相较而言明显偏快，则可初步判定该电池的预期寿命终止时间较短；若电压上升过于明显，甚至可能是蓄电池已接近或达到国家标准的容量衰退寿命终止时间。

6.2　100 Wp 家用离网光伏系统检测及二次设计

100 Wp 家用离网光伏系统的检测，其中有相当多任务内容与前面的太阳能庭院灯是相同的关键是找出其中的特有部分并完成。

建议新增的测试任务：逆变器实际工作效率值的测定，逆变器在不带负载时从蓄电池端索取的工作电流，逆变器在大功率负载下的系统导线损耗等。

另外，关于光伏组件安装倾角的二次细化设计基本思考：

（1）当地并网电站的最佳倾角，一般而言是不适用的。因为并网光伏电站基本不需考虑负载情况，光伏组件发出的所有电力都可以被国家电网完全接纳。因此，我们做并网光伏电站设计时，光伏组件最佳倾角的追求目标，是电站可以获得全年的最大发电量。而以离网光伏系统相较复杂得多的实际工作情况来分析，显然并网电站的推荐值完全不可能适用于离网系统上。

（2）有两个系统，一年内全年的总用电量相同，但不同月份每晚的点亮时长有较大区别，应如何调整和选取较佳的设计倾角？

（3）通过两套或多套对比系统做实际运行测试数据的分析，细化、进阶设计，并进行各组成部分参数的精细化调整。

6.3　为三户居民做的 100 Wp 离网光伏系统个性化设计

对三水光伏工业园周边的同一小村庄的三户居民，分别做离网光伏家用系统个性化设计任务。太阳辐射资源基本一致，装机容量也相同，具体详情参照表 6 - 1。

表 6 - 1 三户居民做的 100 Wp 离网系统个性化设计

用户及参数	#01 家庭	#02 家庭	#03 家庭
负载特点	LED 灯照明，手机充电，48 英寸电视机每晚固定约 1 h，一家三口，年轻富于活力	一台 35 英寸电视机，有电可以看，电力不足可随时关机不看，用户为老人	全部负载均为 LED 照明，冬天天黑得早太阳出来得晚，所以冬天点亮时间稍长于夏天
组件容量	100 Wp	100 Wp	100 Wp
推荐的倾角	28°	18°	35°
主要负载配置	电视功率 75 W，偶尔有朋友聚会时电视机打开的时间会延长；12 V、5.5 W 主灯 2 盏，洗手间、厨房均为 2.5 W；全部用飞利浦高效 LED 灯	考虑到夏天天气热时，可以看电视的时间反而会更长，电视功率 42 W，每天用时不限；12 V、2.5 W 飞利浦高效 LED 灯 3 盏	主灯 12 V、9 W，平均每天 3 h；12 V、3.2 W LED 共 4 盏负责房间，平均每天 1 h；飞利浦高效 LED 灯
逆变器	150 W 正弦波	100 W 正弦波	无
蓄电池容量	12 V、200 A·h	12 V、150 A·h	12 V、100 ~ 150 A·h
备注	可用两个 100 A·h 蓄电池并联实现	取 150 A·h 是为了蓄电池有更长的设计寿命，减少维护	全年每天的用电负荷较为均衡，且蓄电池的能量利用率较高

具体实施时，用电组合需求、用电量、最大功率、房屋坐向、阴影可能、规划用电时间等都需要纳入任务的讨论进程。

实地考察（先期数据资源、用户互动表设计、工具仪器准备），用户需求的挖掘与分析，心理期待值，用户基本说明书，温馨建议，基本维护手册，售后服务及免费项目，免责内容，收费内容等均可规划成为个性化设计的切入范畴。

6.4 5 kWp 别墅型离网光伏系统检测及二次设计

在这里，我们暂时先提出如下两点任务内容。

1. 蓄电池组系统电压的提升

相信我们都还记得之前第 5 章的相关设计，即 5 kWp 别墅型离网光伏系统，其蓄电池的系统电压定为 12 V，当时的蓄电池组容量设计值为 7 500 A·h。

具体建议的优选方案：UXL2550 - 2N，6 串 3 并，共 18 个单体蓄电池组成。

理论上，这个配置当然没有任何问题，从系统电压到电池容量均很好地符合用电量的设计需求。但实际上，这一设计受限于习惯性的低压直流 12 V 系统选取，虽然这一电压值的选取确实是通用和方便。可是，不要说逆变器最终选用较大余量的 10 kW 功率，哪怕只是 5 kW 的逆变器，当我们简单推算一下满负荷时蓄电池到逆变器的导线电流，就会发现电流之大。

解决方法不太难，同样是 UXL2550 - 2N，共 18 个单体蓄电池。而我们从原有设计的 6 串 3 并组成蓄电池组，连接方式改为 18 串 1 并。显然，如果真有这样匹配的逆变器，母线电流将下降到原来的 1/3，这已是非常让人感到愉快的事情。当然，36 V 的逆变器不一定是市场上易于采购的，但 48 V 的系统比较常见。

由此可见，可以改用 24 个单体蓄电池，24 串 1 并，系统电压 48 V，单体蓄电池的容量相应地还应降为 UXL1880 - 2N。当然，最终这种 48 V 系统的蓄电池组总储电容量与原设计 12 V 系统的总容量将基本保持一致，蓄电池组的总输出电流只需要原来 12 V 系统的 1/4 就已足够了。

2. 温度变化与控制器 MPPT 范围

目前市场上常见的多晶硅和单晶硅太阳电池，以 25℃ 为基准，温度每下降 1℃，电池的开路电压将上升 0.30% ~ 0.40%，因具体的材料厂家等而有所区别。

例如，我们可以估算一下，若太阳电池的温度降为只有 - 10℃，温度系数取中值 0.35% 计算，开路电压将会比标准的 25℃ 时提升 12.25%，这是一个相当可观的升幅。

又如另一个极端情况若太阳电池的温度升高到 65℃，同样取中值进行计算，开路电压将会比起标准的 25℃ 时下降达 14%，这个幅度同样相当显著。

因此，对于装机容量 5 kWp 级的太阳能控制器，其 MPPT 输入范围宜在光伏阵列考虑了当地的极限温度条件下的状态进行合理匹配。

6.5　人行天桥离网射灯工程检测及二次设计

问题反应现象：亮灯时间过短，不到规定设置的 4 h。

系统配置论证：

负载 12 V/28 W 灯头 ×2　每天亮灯 4 h　每天耗电 224 W·h；

电池 100 A·h/12 V 低压切断点为 11.1 V，可抵御 5 ~ 6 天阴雨天；

太阳能板配置 150 Wp/18 V，每天发电量约 $150 \times 3.5 \times 0.65 = 341.25$（W·h）；

系统元件符合标准且安装正确，此套理论可正常运行。

给每个系统编号，南边从左至右为：南 1、南 2、南 3、南 4、南 5；

北边从左至右为：北 1、北 2、北 3、北 4、北 5。

现场勘察如图 6 - 4、图 6 - 5 所示。

现场勘察及分析：

2014 年 12 月 27 日，雨天，18 点左右，全部灯均能顺利陆续点亮，亮灯持续时间均不超过 1 h。

图 6 - 4　现场勘察 1

图 6 - 5　现场勘察 2

12 月 27 日晚蓄电池测量电压如图 6 - 6 所示。由图 6 - 6 中可看出南 4 电池电压最高，现场观察到测量时南 4 的灯已经熄灭，此时系统其他的灯还在运行。即在全部系统中，南 4 是最快熄灭的。南边依次灭灯顺序为：4、1、5、3、2，实际测量和观测符合规律。

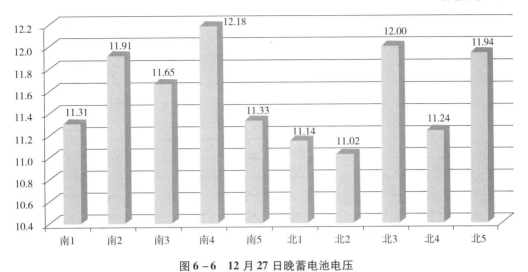

图 6-6　12 月 27 日晚蓄电池电压

现场照片如图 6-7 所示。

图 6-7　现场照片

2014 年 12 月 28 日，多云到阴天，18 点左右到，全部灯均能顺利陆续点亮。其测量电压如图 6－8 所示。

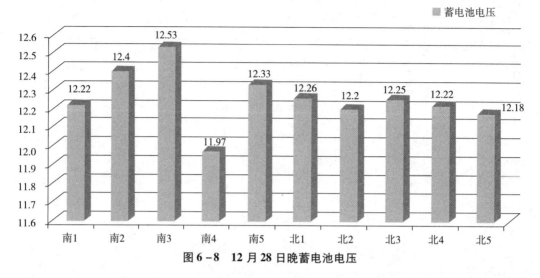

图 6－8　12 月 28 日晚蓄电池电压

测量时，全部灯均为点亮状态。经常由于上一晚的工作所有系统的电池电量均被消耗完毕，电池经过一天的充电，电量均有提升。可以明显看出，南 4 电压最低，与上一晚观测现象符合。背面组件经过上一晚的雨水清洗后，发电量差异不大。

结合两天观测和数据对比，可以发现整体电池电压很低，特别是南 4 和北 1、北 2。整体北面的组件发电量会比南面相差较多，如果是晴朗天气则会相差更为明显。

如图 6－9 所示，组件为南 4 的组件，从图中看出组件左上角有一块交通指示牌。对其做简单的阴影分析可知，最右边组件造成部分遮挡，部分遮挡对组件的影响是致命的。光伏组件被遮阴对输出特性的影响如图 6－10 所示。

图 6－9　南 4 组件阴影遮挡

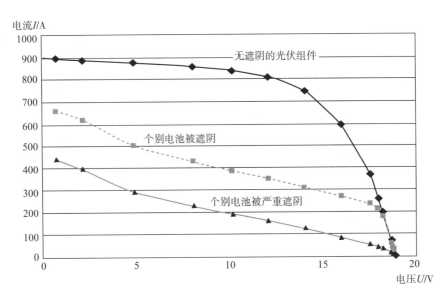

图6-10 光伏组件被遮阴对输出特性的影响

天桥有高架结构，立柱、顶面支柱及广告牌边缘部分均对组件有一定的遮挡，如图6-11所示。组件安放位置和角度不适宜，不能很好地避开遮挡，严重影响了组件的输出功率。

图6-11 天桥高架结构

1. 综合原因

直接原因：电量不足以支持系统亮灯4 h。

主要原因：安装角度和位置不适宜，造成组件被遮挡，发电量不足，如图6-12所示。

图6-12 安装角度和位置不适宜造成遮挡

次要原因：

（1）太阳能板积灰严重导致效率降低；

（2）电池端子未做防水处理，电池性能可能出现老化。

2. 解决方案

理论修改建议：

（1）关闭负载一段时间，让蓄电池电压回升，保持障蓄电池性能。

（2）抽取一个蓄电池在满电状态放电观察能点亮负载几个小时，判断蓄电池性能有无问题。

（3）测试太阳能板输出功率。由于上次施工比较粗糙，很有可能造成电池板隐裂影响电池板性能。

（4）更改新的安装方式安装太阳能板，尽最大可能避免遮挡。将10块组件用35°倾角安装在南面桥架中间。

备选方案1：

在原有基础上，将组件边缘处抬高，使其不受广告牌本身遮挡，再调整安装位置尽量不受立柱遮挡。将负载耗电调整到减少一半后，试运行一段时间。

备选方案2：

使用没有短板效应的薄膜太阳能组件代替原有的多晶硅太阳能板。

备选方案4：

若阴影问题严重影响整套系统运行，考虑成本后，可考虑接市电运行。

最后实际方案修改：

（1）根据现场情况以最低成本避免阴影遮挡；在原有基础上，将组件边缘处抬高，使其不受广告牌本身遮挡；

（2）使用自动降功率太阳能控制器，减少负载耗电量（初始设置前2 h半功率运行，后2 h全功率运行。后设置为前1 h全功率运行，后2 h半功率运行）。

第五篇　离网光伏系统探索与思考

第五篇是本书核心内容的延伸与展望

包含"第7章　离网光伏系统探索","第8章　离网光伏系统思考"。

离网光伏系统探索

第7章是本书的延伸和扩展内容，主要内容包括带离网、并网切换的工业设计光伏系统，可离网、市电供电切换的家用设计光伏系统，与之相关的几件国家专利以及智能电网发展展望等。

7.1 带离网、并网切换的工业设计光伏系统

带离网、并网切换的光伏系统又可称为光伏微网系统或智能光伏微网系统，可包含光伏发电在内的多种可再生能源，利用储能与控制装置进行实时的能源调节，实现局部网络的电力能源平衡，可以并网运行也可离网运行。

中国国家电网公司给智能电网的定义是：以特高压电网为骨干网架、各级电网协调发展的电网为基础，利用先进的通信、信息和控制技术，构建以信息化、自动化、互动化为特征的智能化电网。我国智能电网的基本特征是在电网技术上要实现信息化、自动化、互动化。

智能电网是建立在集成的、高速双向通信网络的基础上，通过先进的传感和测量技术、先进的设备技术、先进的控制方法以及先进的决策支持系统技术的应用，实现电网的可靠、安全、经济、高效、环境友好和使用安全的目标，其主要特征包括自愈、激励和包括用户、抵御攻击、提供满足21世纪用户需求的电能质量、容许各种不同发电形式的接入、启动电力市场以及资产的优化高效运行。智能电网的功能特点主要包括以下几点：可观性、可控性、灵活性、开放性、安全性、自愈性、预测性、快速性、互动性、全局性、协调性、经济性等。

7.1.1 智能光伏微网系统常见工作模式

为满足不同用户需求，光伏微网系统有多种工作模式，常见的如以下几种。

1. PV 交流并接

该工作模式的核心器件为双向光伏逆变器，并网逆变器连接在由双向逆变器输出电网的交流母线上，识别这个由双向逆变器产生的电网并进行并网馈电。图 7 - 1 所示为 PV 交流并接。

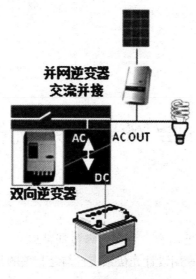

图 7 - 1　PV 交流并接

通常情况下，并网逆变器的发电首先被负载消耗，多余的能量通过 AC - DC 转换方式双向逆变器给蓄电池充电。对于并网逆变器的控制非常简单，无须设备之间进行通信。双向逆变器决定其输出电网的电压和频率，根据并网逆变器发电、负载耗能和蓄电池储能之间的平衡，通过改变电网频率，调节并网逆变器输出功率来保证蓄电池充满，避免过充。

2. PV 直流并接

该工作模式中，双向光伏逆变器处于系统中心，所有的可再生能量源并接在直流侧（储能系统端）。光伏组件发电首先被逆变供给负载，多余能量以 DC - DC 转换方式给蓄电池充电。图 7 - 2 所示为 PV 直流并接。

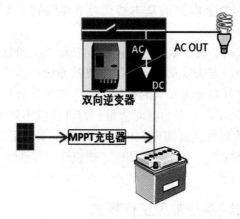

图 7 - 2　PV 直流并接

上述两种总线模式的特性如下：

对于居民社区供电，以晚间负荷为主，直流并接效率更加理想。如果白天负荷多，交流并接更加合适；采用并网逆变器，构建交流微网系统。在纯离网光伏系统中，存在一定的隐患，即如果蓄电池放电保护，双向逆变器将无法输出电网信号，并网逆变器无法捕捉电网信号也就导致不能并网发电。直流并接，则没有这个问题；MPPT控制器的每瓦成本要低于并网逆变器。

3. PV 交流并接 + PV 直流并接

该工作模式是上述两种工作模式的结合，该工作模式能够综合上述两种工作模式的优点，实现更加灵活与更有效率的能量管理与平衡。

光伏组件采用直流和交流并接的系统，是目前可再生能源偏远地区电气化系统的最佳选择，可大大提高负载全天用电的效率。

如果白天用电量大，选择交流并接方式，太阳能发电利用效率最佳。如果以使用蓄电池能量为主（比如晚上用电量大），直流并接效率更佳。图7-3所示为 PV 交流并接 + PV 直流并接。

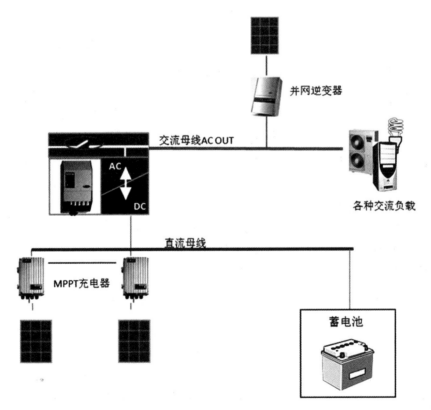

图7-3　PV 交流并接 + PV 直流并接

智能光伏微网系统可为学校、社区、医院、商场、工厂、公共设施、农村、海岛等提供高质量绿色电源，整合了分布式自然变动电源和配电网之间的关系，削弱了分布式电源对电网的影响，推动太阳光伏发电上网，降低大电网的负担，改善供电可靠性和安全性，促进太阳光伏发电的规模化应用，对于开发和高效利用太阳能光伏发电具有积极的推动作用。

7.1.2 案例分析

案例一：瓦努阿图桑托岛庄园228.8 kWp光伏发电项目。

本项目位于大洋洲瓦努阿图共和国（the Republic of Vanuatu）桑托岛（Santo）鲨鱼湾（Shark Bay）附近的伟基桑托海湾庄园，地理坐标为15.25°S，167.13°E，项目共计安装总容量为228.8 kWp，采用260 Wp多晶硅光伏组件（1 650×992×40 mm）880块，安装于伟基集团瓦努阿图桑托岛庄园内，光伏系统以22个光伏组件为一串，光伏组件朝北，安装倾角为10°。图7-4所示为本项目光伏发电系统原理框图。

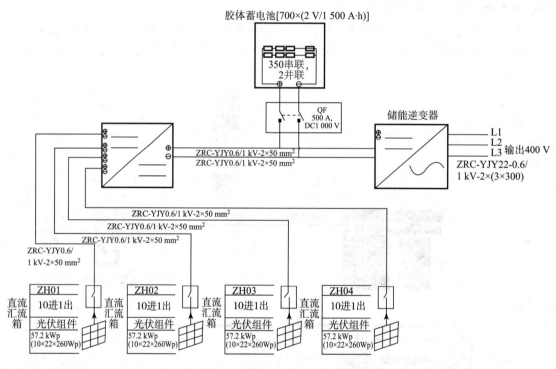

图7-4 瓦努阿图桑托岛庄园228.8 kWp光伏发电系统原理框图

案例二：深圳市科陆电子宝龙工业区432.7 kWp光伏发电项目。

本项目位于广东深圳，地理坐标为22°41′N，114°16′E。科陆电子厂房四屋顶设计安装245 Wp多晶硅光伏组件共计1 620块，容量为400 575 Wp；单晶硅260 Wp光伏组件60块，容量为15.6 kWp；非晶硅100 Wp光伏组件156块，容量为15.6 kWp，合计系统总装机容量为428.1 kWp。图7-5所示为该项目的系统原理图。

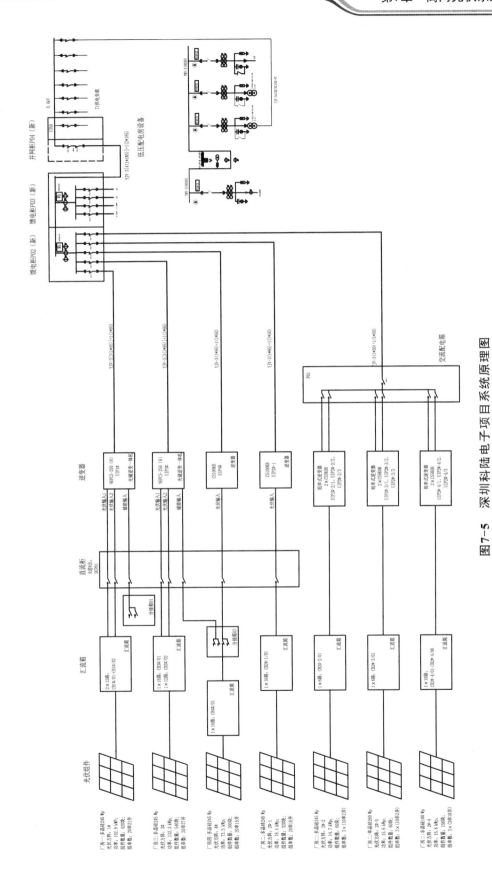

图7-5 深圳科陆电子项目系统原理图

所发电量优先被厂区负载消耗，夜间时，负载由市电供电。当市电存在时，光伏系统为并网运行模式；当系统断电时，并网柜自动切断外部电网连接，系统运行在孤岛模式，给特定负载供电（1#厂房的照明供电）。

7.2 可离网、市电供电切换的家用设计光伏系统

这是一件已获国家专利局授权的发明专利，题为：一种家用离网光伏发电系统。图7-6所示为其中可选的较佳实施案例电路结构，组成部分相当简洁而高效。最终完成时，整套系统可安装在常规家用的电箱导轨内，施工方便。

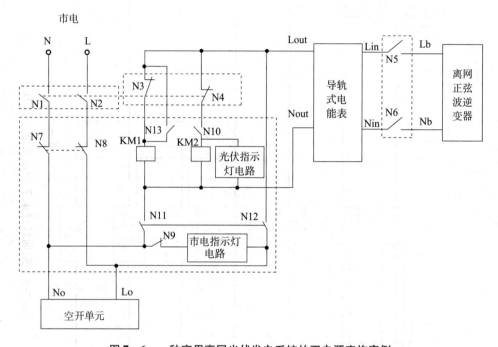

图7-6 一种家用离网光伏发电系统的双电源实施案例

如图7-6所示，该切换开关同样可以方便地安装在标准Din导轨家庭配电箱内，电路结构性能更完善，定位更准确，适用于对切换速度有更高要求的用户群体。市电漏电断路器421包括第一触点N1和第二触点N2，均为常开触点。所述断路器辅助触点NC 422包括第三触点N3和第四触点N4，均为常闭辅助触点。逆变器漏电断路器423包括第五触点N5和第六触点N6，均为常开触点。所述导轨式交流接触器424包括第一线圈KM1、第二线圈KM2、第七触点N7、第八触点N8、第九触点N9、第十触点N10、第十一触点N11、第十二触点N12、第十三触点N13、光伏指示灯电路4241和市电指示灯电路4242。其中，第七触点N7和第八触点N8为第一线圈KM1的主触点（常闭），第九触点N9和第十触点N10为第一线圈KM1的辅触点（常开），第十一触点N11和第十二触点N12为第二线圈KM2的主触点（常开），第十三触点N13为第二线圈KM2的辅触点（常开）。

第一触点 N1 的一端连接市电的零线 N，另一端通过第七触点 N7 连接空开单元的 No 端、第九触点 N9 的一端和第十一触点 N11 的一端。一端连接市电的火线 L，第二触点 N2 的另一端通过第八触点 N8 连接空开单元的 Lo 端。第一线圈 KM1 的一端通过第三触点 N3 连接第四触点 N4 的一端、导轨式电能表的 Lout 端和第十二触点 N12 的一端，第十三触点 N13 与第三触点 N3 并联。第一线圈 KM1 的另一端连接第十一触点 N11 的另一端、第二线圈 KM2 的一端、光伏指示灯电路和导轨式电能表的 Nout 端。第二线圈 KM2 的另一端连接光伏指示灯电路，还通过第十触点 N10 连接第四触点 N4 的另一端。第九触点 N9 的另一端连接市电指示灯电路，第十二触点 N12 的另一端连接市电指示灯电路和空开单元的 Lo 端。导轨式电能表的 Lin 端通过第五触点 N5 连接离网正弦波逆变器的 Lb 端，导轨式电能表的 Nin 端通过第六触点 N6 连接离网正弦波逆变器的 Nb 端。图 7-6 中虚线相连的触点同时开闭。其中，第一触点 N1、第二触点 N2、第三触点 N3 和第四触点 N4 基本上同时动作，如第一触点 N1 与第二触点 N2 闭合时，第三触点 N3 和第四触点 N4 相隔很短的时间后打开。第七触点 N7 与第八触点 N8 同时开闭，第十一触点 N11 与第十二触点 N12 同时开闭。光伏指示灯电路 4241 有电流流过时，即离网正弦波逆变器 41 供电时，光伏指示灯电路 4241 内置能发出蓝光的 LED 灯被点亮。市电指示灯电路 4242 有电流流过时，即市电供电时，市电指示灯电路 4242 内置的能发出红光的 LED 灯被点亮。这样用户即可根据 LED 灯发光的颜色了解当前对交流负载供电的是市电还是蓄电池组。

图 7-6 有相当全面而完善的保护功能，而且只需增加两个小元件即可很好地实现手动和全自动的切换功能：一个用于自动/手动选择切换的开关；另一个带有 2NC 触点的市电检测继电器（接在 421 和 424 之间），用于模拟人手操作 421 时对 422 辅助触点的动作。

按新增的两个元件搭成的切换系统在实际运行测试时发现，若选择自动运行状态，在市电重新供电和断开市电多次反复的自动切换过程中，连接到系统所配紧急供电插座上的台式电脑一直保持连续稳定运行，没有出现任何异样。

关于能耗方面，图 7-6 在市电接入并设置为手动运行状态时，双电源切换装置的总耗电几乎为 0，主要为红色指示灯电路，典型值为 0.02 W；图 7-6 在市电接入并设置为自动运行状态时，双电源切换装置总耗电基本上为市电检测继电器的线圈耗电，典型值小于 0.5 W。

7.3　相关的几件国家专利

专利文件详细信息的获取途径：国家知识产权局官网，网址：http://epub.sipo.gov.cn/gjcx.jsp。

进入网页后，直接输入专利的名称即可，也可在"发明（设计）人"上输入笔者姓名检索找到。部分专利文件的预览，可参见本书最后的附录。

此处，我们举两个例子。

7.3.1　一种光伏组件的现场测试仪

图 7-7 所示为一种光伏组件的现场测试仪。

这件专利的产生，出自在数年前中山翠亨村屋顶光伏电站竣工前的检测。

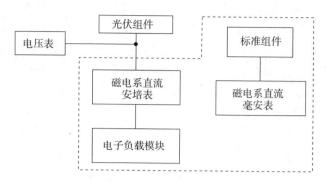

图 7-7 一种光伏组件的现场测试仪

本实用新型专利公开了一种光伏组件的现场测试仪，与待测的光伏组件和电压表连接，现场测试仪包括标准组件、磁电系直流安培表、磁电系直流毫安表和电子负载模块，光伏组件通过磁电系直流安培表连接电子负载模块，标准组件连接磁电系直流毫安表；通过电子负载模块将光伏组件的电能输入供电，控制光伏组件的输出电流在第一预设时间内上升为短路电流，使短路电流保持第二预设时间后降低至零，由磁电系直流安培表检测光伏组件的短路电流，磁电系直流毫安表检测标准组件的太阳辐射强度相对值，测试过程中不会出现可察觉的直流电弧，即使太阳辐射度阈值明显下降也能正常完成测试。本专利充分利用被测的光伏组件供电，减少了电池成本且更加节能环保。

与现有技术相比本实用新型专利光伏组件的现场测试仪具有以下有益效果：

（1）采用被测的光伏组件对整个现场测试仪供电，无须内置电池并涉及相关供电电路，也无须外接电源供电，省去了充电的维护流程及充电时间，可随时立即投入使用；同时，由于无须使用电池，减少了电池成本且更加节能环保。

（2）在一体化方案中，通过增加标准组件和磁电系直流毫安表，使现场测试仪工作时对太阳辐射度的起动测量阈值要求较低，而且太阳辐射度的缓慢波动也基本不影响现场测量结果的判断。上述现场测试仪在太阳辐射强度达到或超过 500 W/m^2 时可以非常理想地工作，低至 200 W/m^2 以下时仍可坚持进行测量与判断（此时需要承担的风险是：测量的相对误差相应地会有所上升）。

另外，当太阳辐射度有缓慢变化时，由于磁电系直流安培表与磁电系直流毫安表的指针会同步缓慢变化，具有一定经验或经过训练的运维人员可以较好地应对这一状态并可做出较为可信的数据读取。

（3）根据一体化方案生产的现场测试仪体积较小、质量较轻，不需做任何现场参数设置，连现场测试仪的电源开关都无须配备，运行起来相当轻松，大大方便了电站运维人员的现场操作。

在实际使用时，光伏组件的正、负极插入现场测试仪的光伏接入端子 MC4 中，等待预备指示灯点亮，然后按下启动按钮即可自动测试，电站运维人员只需观察仪表的指针变化即可。对有经验或经过一定培训的运维人员，甚至可依据磁电系直流安培表在一次连续测量过程中指针动态摆动的细微变化规律，在一定程度上判读光伏组件的实际工作扫描特性。

（4）进行短路电流 I_{sc} 测量时，光伏组件的输出电流是在一个可控时间内从零快速上升并最终稳定在I_{sc}状态。在太阳辐射不变的情况下，I_{sc}测量值将自动保持5~8 s不变，具体保持的时间长度可在出厂前通过电路参数进行设置。采用这种方式可确保整个测试工作过程中完全不会出现可察觉的直流电弧。

（5）可以非常方便且安全地实现基本的开路电压U_{oc}、短路电流I_{sc}等参数的测量。

同时，由于所述现场测试仪是在真实的自然阳光下对光伏组件的输出进行测量，与采用人造模拟光源设计的$I-V$测试仪相比较，其测试结果更为可信、有效和真实。该测试仪虽然相对简单，但对常规的施工运维现场而言已经有着较好的支持度。

7.3.2 一种太阳能光伏微波炉

本发明专利公开了一种太阳能光伏微波炉，包括用于将光能转换为电能的薄膜电池太阳伞，与薄膜电池太阳伞连接的充电保护电路，与充电保护电路连接的带过放保护功能的锂电池以及直流微波炉。锂电池与直流微波炉线路连接，如图7-8所示。其实现了功率最大化的功能，降低了能耗，同时方便用户携带与使用，尤其适合自驾游等人群，拓展了微波炉的应用空间。

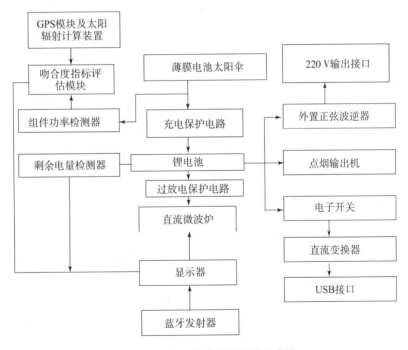

图7-8 太阳能光伏微波炉组成图

本发明专利太阳能光伏微波炉可用于户外脱离市电的独立使用，如房车休闲旅游等，可提高人民生活品质，还可通过外接的正弦波逆变器为笔记本电脑等常规用电器供电，并且本发明专利内置锂电池可快速拆卸，用于汽车的紧急启动。

本发明专利的太阳能光伏微波炉还带有一定程度的太阳辐射资源预测能力。结合内置锂电池的剩余电量测算，能够自行迅速评估微波炉每一功率挡位的"理想最大操作时长"，并可结合太阳辐射资源的预测数据给出该次评估的信心指数，并可以合理提示用户当前太阳能转化成的电量，以及微波炉合适的挡位，以使本发明专利的微波炉达到最佳工作状态，并且更智能化。

通过合理的光伏组件装机容量，配合太阳辐射资源预测，本发明专利太阳能光伏微波炉可实现户外独立的连续长时间工作。

7.4　智能光伏电网发展展望

本节具体介绍智能光伏电网的发展现状以及发展前景。

7.4.1　智能光伏电网发展现状

欧美各国对智能电网的研究开展较早，且已经形成强大的研究群体。英国、瑞典均在积极规划推动智能电网，意大利及美国已率先试行。由于各国的具体情况不同，其智能电网的建设动因和关注点也存在差异。美国主要关注电力网络基础架构的升级更新，最大限度地利用信息技术，实现系统智能对人工的替代。欧洲大力开发可再生能源、清洁能源，电力需求趋于饱和后提高供电可靠性和电能质量等需求，其未来电网向着智能/分散/自主发电和高度集成的网络管理方向发展。

虽然我国还没有从国家层面制定智能电网的发展战略，但在很多方面的研究成果已经为发展智能电网奠定了一定的基础。华东公司建设智能电网呈现的特点为：规划以自愈为目标的智能电网；实现智能化调度；新型材料和智能设备的全面使用；可再生能源的友好接入；实现与用户的智能互动。国家已启动多项 863 高技术研究发展计划项目，在"十一五"期间，在三大先进能源技术领域设立重大项目和重点项目，包括：以煤气化为基础的多联产示范工程，MW 级并网光伏电站系统，太阳能热发电技术及系统示范等。

7.4.2　智能光伏电网发展前景

就智能电网来说，其未来发展方向主要体现在以下方面。首先，分布协调。它主要以 MAS（Multi‒Agent System）为首要前提，并以该技术为中心构建成具有特殊功能的 Agnet 系统，能够为构建综合性的系统做好铺垫，具有鲜明的"超规模、光分布、强适应"特点。在此基础上，该系统可以有效操作、连接不同系统间的功能，优化利用各项电网资源。其次，分布形式的能源系统。它主要包含了以下几个方面的内容，即发电、储能、需求提供能源。就需求提供能源来说，主要是指在智能电网作用下，快速集成用户客观需求资源，可以在不同情况下协调配置电能客观需求，但必须以 DSB 市场多元化的功能、软件、技术作为重要的条件，才能更好地实现自身多样化功能。最后，还需要不断开发、利用便捷的仿真决策技术，为智能电网的各方面提供关键性的数据信息，比如，智能电网的运行、调度。此外，实现具有综合决策功能的运行系统，能够在最短的时间内从海量数据信息中准确找到用于决策中的重要参考信息数据，确保运营者、管理者科学决策。

分布式光伏发电与智能微电网相结合形成的智能光伏电网具有广泛的适应性与可行性，目前已广泛应用于单体建筑、工业厂区、居民社区以及乡镇县、工业园区甚至省市，既有农村，也有城市、海岛。

结合智能光伏电网相关的技术资料，本书总结了智能光伏电站未来主要发展以下几种技术：

（1）光伏发电与热利用技术。

光伏技术方面，晶体硅电池、薄膜电池可能长期并存，微线矩阵电池、全光谱吸收电池等新型电池技术有望进一步提高光伏电池效率、减少材料用量、降低成本。分布式太阳能热发电方面，冬季向用户供热、夏季供冷以及全年提供卫生热水，通过能量梯级利用形成一体化多联供能源系统。

（2）光伏发电与建筑集成一体化技术。

分布式光伏在建筑用能中的技术创新重点在于材料、构件、能源系统与节能建筑设计集成等。材料方面，将重点发展新型透光、光控、保温、储热等建筑材料，强化与建筑功能、材料、结构、美学设计相互结合。建筑构件方面，主要发展新型太阳能光伏/光热一体化建筑构件，包括被动式太阳能建筑在内的构件化、模组化建筑太阳能利用技术。能源系统与节能建筑方面，主要发展光伏/光热技术，实现冷热电及热水联供。太阳能建筑一体化技术与墙体节能、屋面保温隔热等建筑节能技术和能源智能管理有机结合，提高建筑综合能效。

（3）分布式光伏储能技术。

分布式光伏储能技术将有效提高可再生能源并网规模，并在未来智能电网中提供电网备用、电能质量调节等重要辅助服务。功率型储能提供数秒到数分钟的高功率支撑，能量型储能则提供数分钟到几小时的能量支撑，两者综合使用更具经济性。插电式电动车和混合动力车的大规模推广应用提供了一种新的分布式储能方案，通过大量车载电池的合理有序充放电、参与电网调节，使电网获得辅助调节设施。在含分布式发电、储能、可控负荷的特定配电网，借助先进控制、计量、通信技术可聚合形成"虚拟电厂"，实现优化协调运行。

第 8 章

离网光伏系统思考

第8章是本书的扩展阅读和一些远景的畅谈，内容包括"阳光动力Ⅱ"号太阳能飞机的能源管理、全球超级光伏电站畅想、光伏之千年远景畅谈。

8.1 "阳光动力Ⅱ"号太阳能飞机的能源管理

笔者非常喜欢"阳光动力"项目在其中文官方网上的一个说法："阳光动力"关心的不只是能源问题，我们还希望以此鼓励每个人，无论是在个人生活中，还是在我们思考和处事的方式上，都能努力成为一名开拓者，如图 8-1 所示。

图 8-1 "阳光动力"号的移动机库（图片源自"阳光动力"官网）

8.1.1　激动人心的环球飞行

2015 年 3 月 31 日凌晨 1 时 35 分，贝特朗·皮卡尔驾驶的全球最大太阳能飞机"阳光动力Ⅱ"号成功降落重庆江北机场。这是"阳光动力Ⅱ"号 2015 年激动人心的成功环球飞行在中国的第一站。这一年，"阳光动力Ⅱ"号完全是依靠太阳能光伏发电产生的能量，首次成功实现了环球飞行，如图 8-2 所示。

在"阳光动力Ⅱ"号成功完成环球飞行的壮举之前，本来还有一件也是让人相当之激动的事情。早在 2012 年 5 月 4 日，"图兰星球"号纯太阳能动力船成功完成了环球航行。当然，与地球大气层中的载人飞行相比，从能源的角度而言在海水中的航行，其挑战难度自然是相对较低的。

"阳光动力Ⅱ"号是目前唯一一架长航时、不必耗费一滴燃油便可昼夜连续地载人飞行的太阳能飞机。贝特朗·皮卡尔、安德烈·波许博格及其团队希望，借此可展示人类的开拓精神、创新和清洁能源技术将如何改变世界。

图 8-2　"阳光动力Ⅱ"号的空中飞行（图片源自"阳光动力"官网）

当初，第一代的"阳光动力"号升空连续飞行 26 h 时，感觉这架飞机真是太帅了，非常漂亮。现在再看"阳光动力Ⅱ"号在飞行时的照片，单就飞机的外观而言，特别在光伏组件的排布上，其进步真的是非常完美，如图 8-3 所示。

我们是不是可以期待，再过数十年或一百年的时间，人类就可以实现真正意义的纯太阳能动力商业用途载人飞行！届时，或许也是从一架无须经停高速完成环球一圈的飞行挑战开始的。

图 8-3　"阳光动力 II"号与地勤人员（图片源自"阳光动力"官网）

　　为此，笔者还专门就太阳电池、储能电池、电机及飞行等方面的技术做了一个粗略路线前瞻，并以"阳光动力"5 号为命名。由于水平及篇幅所限，在此就不宜公开了，非常欢迎有兴趣的读者与我们继续单独交流。

8.1.2　能源部分的组成分析

　　"阳光动力 II"号整架飞机用 17 248 片太阳电池覆盖，能量转化效率 22.7%，能为飞机提供 65 kW 的峰值功率。为了存储太阳能，飞机吊舱中安装了共 633 kg 重的锂电池。白天，太阳电池组件将供给飞机飞行，同时将额外的电能充入机载的锂电池中，为夜间飞行储备充足的能量。

8.1.3　航线设计与能源管理的思考

　　为了兼顾储能电池的充电，"阳光动力 II"号飞机起飞后并不是快速提高巡航高度，而是分阶段爬升至约 9 000 m 的高度。分析其理由，显然这可以让太阳电池达到最佳功率状态输出及为锂电池充电。同时，达到 9 000 m 飞行高度后可以较好地避开气流并最大化利用太阳辐射资源，而夜晚则以半滑翔飞行，逐渐降低到 1 500 m 高度，且速度并不快，因此夜间对能源的需求也大大减少。

　　仔细思考就会发现这一飞行方式相当的聪明和巧妙，其要点在于，既有效地利用了重力势能进行能量的存储，同时又无须增加额外的储能电池质量。这个不像地面的水力发电站需要建设高大的拦河大坝用以储存更多的重力势能，而是直接利用飞行器自身的飞行轨迹实现能量的存储。

另外，白天 9 000 m 的飞行高度设计刚好也正处于太阳电池非常理想的工作区域，太阳辐射强度更高，且基本没有遮挡，同时更低的温度可以使太阳电池发出更多的电力。

8.2　全球超级光伏电站畅想

若放弃火电，也不再使用石油、天然气等不可再生能源，甚至关停所有核电，能否设计一个可供应全球用电量 95% 以上的超级光伏电站？

暂时不考虑海洋，我们在全球陆地上综合分析，集中建设 5 个超级光伏电站节点，并把这些超级节点连接起来。至少有 4 个因素值得考虑：24 h 的太阳光照射覆盖，国家与区域的用电量需求，南北半球的季节变迁、超高压海底电缆的施工长度。

为了人类的美好未来，我们不妨对这个全球超级光伏电站的选址在世界地图上勇敢地畅想一番，如图 8 - 4 所示。

图 8 - 4　全球超级光伏电站畅想

欧洲国家：总用电量相当大，但土地资源珍稀。

美国：总用电量非常大，同时拥有充裕的土地资源。

巴西：地处南半球，可以在一定程度上填补北美洲等地进入冬季时较大的用电缺口。

非洲中部：赤道区域面积较大，对欧洲等用电负荷可以提供较好的支持。

中国西部：陆地面积资源较丰富，阳光资源好。

澳大利亚：地球的南半球陆地面积小，对北半球在冬天时的用电需求有较好的补充。

中国东部沿海区域：用电量大，但土地资源较为珍贵，且阳光资源在我国国土面积内不算好。

宜放弃的节点：欧洲国家、中国东部沿海区域。

5个超级节点全部选中后，完成动画连接（耗时约5 s，澳大利亚连入中国，巴西连美国，非洲加入，最后是美国和中国经北极圈汇合），连接完成后，停顿约0.8 s，瞬间提高画面亮度，最后在画面上动态显示大字号的三行文字：

Congratulations！恭喜！

全球超级光伏电站已成功启动！

人类95%以上的用电量均直接来源于太阳光！

但是，为了满足人类日益增长的用电量需求，这5个超级光伏电站节点，所占用的土地面积会非常大。

几个小伙伴组队，上网查一些资料，整合后经过不太复杂的计算，也许就可以完成这个貌似超级艰难的任务：

（1）太阳1 s钟输出的总功率；

（2）地球可以接收到的太阳光功率；

（3）地球全年接收到的太阳光总能量；

（4）按面积估算，地球所有沙漠接收的阳光总能量；

（5）先查查戈壁沙漠的面积占比，然后只是在戈壁沙漠面积的1/5中铺上效率仅为15%的光伏组件，接着计算一下总的发电量。

当然，人类的用电量一般而言每年都有小幅的增加，但是，你相信100年之后的用电量就可以追上戈壁沙漠面积1/5的发电量吗？（估算所得结果，还相当的乐观。）

8.3　光伏之千年远景畅谈

都江堰水利工程，远在公元前251年已经建成，在良好的岁修制度下一直用到今天，而且仍然在发挥着越来越大的效益。纵观全球，这实为当今人类世界水利工程之绝无仅有！

在都江堰建起之前，先秦时代的成都平原自古以来就是水灾、旱灾害均十分严重，"人或成鱼鳖""开国何茫然"均出自诗仙李白《蜀道难》中的感叹，悲惨而真实。

战国后期秦昭襄王年间，李冰父子在深入勘察、听取众意之下，开创性地率众先凿宝瓶口、后筑分水鱼嘴、再建飞沙堰，并立石人桩，及制定配套的一年一度岁修制度。由此，终于成就了四川盆地至今已长达2 260多年"天府之国"的美誉。

都江堰的创建，在不破坏自然资源，无坝限量引水，可分洪除沙、引水灌溉，成都平原得以"水旱从人，不知饥馑"。细细思量我们的光伏行业，人类在使用能源的同时小心地护着地球的碧水蓝天，追求环境、自然资源的合理利用。这一思想和真切的行为与都江堰工程竟然如此之神合，想想二者实在是有着完全相同的追求！

纵古而观今，谨以笔者这短短15年的浅薄光伏专业经历为基础，我们不妨勇敢地来一场猛烈的畅想。

光伏应用之千年远景，历史上起源于离网应用，今天开始的将逐渐盛于并网电站，将来的强在超级离网系统，并逐渐消亡于可控热核聚变的商业应用，终将历经千年人类智慧积累而最后剩存于微小型或特定型的离网个性定制应用。

1. 起于离网

众所周知，人造卫星的太阳能供电是光伏应用的标志性开始，20 世纪 50 年代末起用。

2. 盛于并网

今天，我们可见有装机容量高达 1 000 MWp 级别大型并网地面光伏电站，如青海龙羊峡大坝水光互补 850 MWp 电站，印度安得拉邦的 1 000 MWp 电站，山西芮城中条山 1 050 MWp 电站。另外，宁夏盐池县规划的 2 000 MWp，迪拜太阳能公园远期规划的 3 000 MWp 以上。甚至还有报道，印度计划建一个 4 400 MWp 的光伏电站，是否可信，暂时不得而知。

而 MWp 级分布式并网电站若雨后春笋般涌现，个性化 10 kWp 级别家庭屋顶电站早已渐渐进入大众的视野，越来越多更优的设计从图纸变为现实。而这些，仅为人类光伏应用的盛世之开初而已，前景广阔。

3. 强在超级离网

光伏的真正强大，是在完全放弃火力发电、化石能源，对核电甚至对水电站的依赖度也越来越低，取而代之的是一个全球超级光伏电站。当然，这是一个拥有着极高可靠性的超级离网系统。只需 100 年，人类或将实现这种能源无限量供应的美好梦想，电能的直接使用将逐渐趋于近乎免费。因能源的使用而换取的附加创造，才是社会和人类所共同追求的一项重要核心价值。

4. 消亡于可控热核聚变的商业应用

今天，中国科学家已有长达 105 s 的可控热核聚变安全运行纪录，这一数据在公开报道的可控热核聚变领域是全球领先的。150 年后，或者还需要等 500 年，可控热核聚变的商业应用起步第一个工程案例相信终将会启动。而一旦高可靠性的运行真的实现，人类仅需花 25 年左右时间就将进入可控热核聚变的大面积使用。

大型光伏电站不再新建，并将因为疏于维护而在短短 30～50 年内逐渐趋于消亡。其中，个别的有高度个性化，或设计、施工、运行等有独到优势的典型光伏电站将成为科学历史博物馆，或有些改造为未来时代的青少年灵感创意、娱乐聚会游戏场所等。

当然，这些能留下来的电站还是有相当比例会继续地持续运行千年以上。这些电站作为人类能源史上一个个活生生的里程碑，就像我们现在看到的都江堰工程一样，将会被科学家和公众所纪念与缅怀。

5. 剩存于微小型或特定型的离网个性定制应用

储能电池的能量密度等相关性能，与今天的技术相比，早已得到极度的提升。

微小型或特定使用场合的离网光伏系统，仍将持续地获得个性化的不断突破，以及我们认为是不可思议的创新。

然后光伏应用还需要经过 1 000 年，甚至直到 5 000 年或更久远时间，才终于因为人类对能源需求的突破性驾驭方式而日渐式微。

那时候的未来人类，为了完成一件事情已不再需要消耗今天我们所认知的能源，而是进入了一种我们现代人类所难以想象的维度时空了。

附　录

附录1　行业动态摘要

此处简单列举了离网光伏系统、光伏应用等行业内较具代表性的动态和事件。主要是做个启动，书中留有空行，方便我们可以手写适时增补上去：

（1）中国《可再生能源发展"十三五"规划》，未来5年，可再生能源总投资规模将达25 000亿元人民币；

（2）《关于2018年光伏发电有关事项的通知》；

（3）《智能光伏产业发展行动计划（2018—2020年）》。

附录2　离网光伏系统国家标准（摘要）

目前，关于离网光伏发电系统我们用得最多的国家标准主要基于：GB/T 19064—2003《家用太阳能光伏电源系统技术条件和试验方法》。

标准的原文，我们很容易就可通过互联网或其他更多的途径找到，这里就不摘录了。标准由全国能源基础与管理标准化技术委员会提出，虽然起草的时间有点远了，但基本架构仍然相当严谨。我们常将该标准作为包括设计和检测在内的一个准入机制。

另外，手工去摘抄一些的关键技术要点，也是一个值得鼓励的学习过程。

附录3 几件国家专利文件

在光伏技术和新能源领域，创新是相当有吸引力的事情。

国家专利的申请，随缘，是为好。专业基础是需要的，研究方法的不断尝试和积累很关键，观察的眼光为主力突破口。也就是说，除了在异域他乡我们很容易就能发现美丽的风景，在熟悉的环境也能不断地读取些新的独特之处。

若有市场、社会的需求，发现了喜欢的课题，自然是任何事情都拉不住地会去奋勇探索和追求。这种坚韧和顽强，是不可或缺的。

(19)中华人民共和国国家知识产权局

(12)发明专利

(10)授权公告号 CN 104184394 B

(45)授权公告日 2017.02.01

(21)申请号 201410325069.1

(22)申请日 2014.07.09

H02J 9/06(2006.01)

审查员 关婧如

(65)同一申请的已公布的文献号

申请公布号 CN 104184394 A

(43)申请公布日 2014.12.03

(73)专利权人 佛山职业技术学院

地址 528137 广东省佛山市三水区乐平镇
学院路1号

(72)发明人 屈柏耿 段春艳 章大钧 王旭伟
陈达明 陈萼 李柏青

(74)专利代理机构 深圳市君胜知识产权代理事
务所(普通合伙) 44268

代理人 王永文 刘文求

(51)Int.Cl.

H02S 10/20(2014.01)

权利要求书2页 说明书11页 附图3页

(54)发明名称
一种家用离网光伏发电系统

(57)摘要

本发明公开了一种家用离网光伏发电系统,
其包括光伏组件、太阳能控制器、蓄电池组和交
流控制模块,光伏组件、太阳能控制器、蓄电池组
和交流控制模块依次连接,太阳能控制器连接直
流负载,交流控制模块连接交流负载和市电;光
伏组件接收件太阳光中的光辐射能量并转化为
电能,通过太阳能控制器存储到蓄电池组中,太
阳能控制器获取蓄电池组上的电能给直流负载
直接供电;所述交流控制模块一方面将蓄电池组
的直流电转换为220V交流电给交流负载供电,另
一方面控制在市电供电和蓄电池组供电之间切
换;使光伏发电技术能应用于我国大多数家庭,
停电后能提供备用电源。

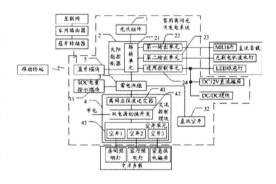

CN 104184394 B

CN 104184394 B

权利要求书

1/2 页

1.一种家用离网光伏发电系统,其特征在于,包括光伏组件、太阳能控制器、蓄电池组
和交流控制模块,所述光伏组件、太阳能控制器、蓄电池组和交流控制模块依次连接,所述
太阳能控制器连接直流负载,所述交流控制模块连接交流负载和市电;

所述光伏组件接收太阳光中的光辐射能量并转化为电能,通过太阳能控制器传输到蓄
电池组中存储,太阳能控制器获取蓄电池组上的电能给直流负载直接供电;所述交流控制
模块用于选择在市电供电和蓄电池组供电之间切换,选择蓄电池组供电时将蓄电池组的直
流电转换为220V交流电后给交流负载供电;

所述交流控制模块包括:

(19)中华人民共和国国家知识产权局

(12)发明专利

(10)授权公告号 CN 104180405 B
(45)授权公告日 2017.02.15

(21)申请号 201410325070.4

(22)申请日 2014.07.09

(65)同一申请的已公布的文献号
申请公布号 CN 104180405 A

(43)申请公布日 2014.12.03

(73)专利权人 佛山职业技术学院
地址 528137 广东省佛山市三水区乐平镇
学院路1号

(72)发明人 屈柏耿 段春艳 章大钧 陈开汉
林伟 高阳 许艳梅

(74)专利代理机构 深圳市君胜知识产权代理事
务所(普通合伙) 44268
代理人 王永文 刘文求

(51)Int.Cl.
F24C 7/02(2006.01)

H02S 10/20(2014.01)

审查员 曲艳霖

权利要求书1页 说明书8页 附图2页

(54)发明名称
一种太阳能光伏微波炉

(57)摘要
本发明公开了一种太阳能光伏微波炉,其包括用于将光能转换为电能的薄膜电池太阳伞,与所述薄膜电池太阳伞连接的充电保护电路,与所述充电保护电路连接的带过放保护功能的锂电池,以及一直流微波炉,所述锂电池与所述直流微波炉线路连接。实现了功率最大化的功能,降低了能耗,同时方便用户携带与使用,尤其适合自驾游等人群,拓展了微波炉的应用空间。本发明太阳能光伏微波炉可用于户外脱离市电的独立使用,如房车休闲旅游等,可提高人民生活品质。还可通过外接的正弦波逆变器为笔记本电脑等常规用电器供电。并且本发明内置锂电池可快速拆卸,用于汽车的紧急启动。

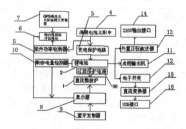

CN 104180405 B

权 利 要 求 书

1/1页

1.一种太阳能光伏微波炉,其特征在于,其包括用于将光能转换为电能的薄膜电池太阳伞,与所述薄膜电池太阳伞连接的充电保护电路,与所述充电保护电路连接的带过放保护功能的锂电池,以及一直流微波炉和一用于对所述锂电池进行过放保护的过放保护电路,所述锂电池通过所述过放保护电路与所述直流微波炉线路连接;

其还包括一用于检测薄膜电池太阳伞输出功率的组件功率检测器,所述组件功率检测器连接设置在所述薄膜电池太阳伞与所述充电保护电路之间;

其还包括一用于显示直流微波炉工作状态的显示器,所述显示器与所述直流微波炉线路连接;

(19) 中华人民共和国国家知识产权局

(12) 发明专利

(10) 授权公告号 CN 102694393 B

(45) 授权公告日 2014.06.25

(21) 申请号 201210194145.0

(22) 申请日 2012.06.13

(73) 专利权人 顺德中山大学太阳能研究院
地址 528000 广东省佛山市顺德区大良新城
区德胜东路 1 号

(72) 发明人 屈柏耿 孙韵琳 侯进旺 沈辉
段春艳 章大钧 李柏青

(74) 专利代理机构 深圳汇智容达专利商标事务
所 (普通合伙) 44238
代理人 刘新年

(51) Int.Cl.
H02J 3/38 (2006.01)
H02J 9/06 (2006.01)

(56) 对比文件
US 2002/0109410 A1, 2002.08.15,
CN 202094650 U, 2011.12.28,
CN 202696177 U, 2013.01.23,

审查员 秦媛倩

权利要求书2页 说明书6页 附图2页

(54) 发明名称
一种用于并网与离网光伏发电系统切换的控
制器

(57) 摘要

本发明涉及一种用于并网与离网光伏发电系
统切换的控制器,包括检测控制装置、主切换器和
四个接线端;所述检测控制装置包括逻辑锁定模
块以及分别与其连接的电网故障检测模块、第一
光伏控制模块、第二光伏控制模块;所述逻辑锁
定单元与主切换器连接,用于根据电网故障检测
模块、第一光伏控制模块和第二光伏控制模块的
检测信息,控制主切换器完成并网光伏发电系统
和离网光伏发电系统之间的切换。本发明通过逻
辑锁定模块控制主切换器快速切换并网和离网光
伏发电方式,保证了用户的负载或重要负载可不
受市电故障或断电的影响而得以连续不间断的运
行,有效地将并网光伏发电系统和离网光伏发电
系统良好地融合在一起。

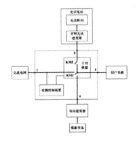

CN 102694393 B

CN 102694393 B

权 利 要 求 书

1/2 页

1. 一种用于并网与离网光伏发电系统切换的控制器,分别与交流电网、光伏电站、储能
设备和用户负载连接成回路,其特征在于:包括检测控制装置、主切换器和四个接线端;

所述四个接线端分别为交流电网端、光伏电站端、用户负载端和储能设备端;

所述检测控制装置包括逻辑锁定模块以及分别与其连接的电网故障检测模块、第一光
伏控制模块、第二光伏控制模块;

所述电网故障检测模块与交流电网端连接,用于检测交流电网是否故障,并将故障信
号和恢复信号传递到逻辑锁定模块;

所述第一光伏控制模块与储能设备端连接,用于在主切换器将并网光伏发电系统切换

(19)中华人民共和国国家知识产权局

(12)发明专利

(10)授权公告号 CN 104251222 B

(45)授权公告日 2017.06.06

(21)申请号 201410324894.X

(22)申请日 2014.07.09

(65)同一申请的已公布的文献号

申请公布号 CN 104251222 A

(43)申请公布日 2014.12.31

(73)专利权人 佛山职业技术学院

地址 528137 广东省佛山市三水区乐平镇
学院路1号

(72)发明人 屈柏耿 沈辉 李荣学 王帅
朱贞彬 李志豪 林振钦

(74)专利代理机构 深圳市君胜知识产权代理事
务所(普通合伙) 44268

代理人 王永文 刘文求

(51)Int.Cl.

F04D 27/00(2006.01)

(56)对比文件

CN 201234148 Y,2009.05.06,

CN 201215368 Y,2009.04.01,

CN 102331075 A,2012.01.25,

CN 103511297 A,2014.01.15,

JP 2-6216 A,1990.01.10,

KR 10-2010-0110481 A,2010.10.13,

审查员 姜莉莉

权利要求书1页 说明书5页 附图1页

(54)发明名称

一种用于家庭浴室的太阳能光伏排气扇

(57)摘要

本发明公开了一种用于家庭浴室的太阳能光伏排气扇,采用太阳能光伏组件将接收的太阳能转化为电能存储到储能电池,能够在使用排气扇时调用存储的电能,节省了能源,还采用了传感器检测室内与室外的湿度和温度,当室内与室外的温度和湿度达到预先设定的值时自动开启排气扇,无需人手操作;本发明还设置有供电电路,排气扇可使用市电,供电电路设置有控制开关和定时器,控制开关控制排气扇开启,定时器可根据第一次排气时长设定第二次排气时长,用户可根据需要设定控制开关的第一次排气时长,进而设置第二次排气时长,排气扇工作设定的时长后会自动关闭,不会长时间工作,节能;无需用户手动关闭,更人性化。

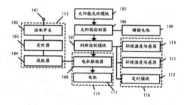

CN 104251222 B

权 利 要 求 书

1/1 页

1.一种用于家庭浴室的太阳能光伏排气扇,包括排气扇本体,其特征在于,还包括:

与排气扇本体内电机驱动器连接的判断控制模块,接收环境监测模块的信息反馈,并通过电机驱动器控制电机的开启或关闭;

以及,

与判断控制模块连接的太阳能控制器,所述太阳能控制器连接太阳能光伏组件及储能电池,其中,

所述太阳能光伏组件,用于将接收的太阳能转化为电能;

所述储能电池,用于存储电能;

(19) 中华人民共和国国家知识产权局

(12) 发明专利

(10) 授权公告号 CN 103353769 B
(45) 授权公告日 2015.11.11

(21) 申请号 201310296971.0

(22) 申请日 2013.07.16

(73) 专利权人 佛山职业技术学院
　　地址 528137 广东省佛山市三水区乐平镇学
　　　　院路 1 号

(72) 发明人 屈柏耿　孙韵琳　段春艳　胡昌吉
　　　　　　侯进旺　章大钧　李柏青

(74) 专利代理机构 深圳市君胜知识产权代理事
　　　　　　　　务所 44268
　　代理人 刘文求　杨宏

(51) Int. Cl.
　　 G05D 3/12(2006.01)

(56) 对比文件
　　CN 101662238 A, 2010.03.03, 全文 .
　　CN 101825904 A, 2010.09.08, 全文 .
　　CN 102314177 A, 2012.01.11, 全文 .
　　CN 201263130 Y, 2009.06.24, 权利要求

1-8, 说明书第 1-10 页, 附图 1-7.
　　JP 特开 2012-156509 A, 2012.08.16, 全文 .
　　US 2012/0037209 A1, 2012.02.16, 权利要求
1-20, 说明书第 1-92 段, 附图 1-6.

审查员 尹婷婷

权利要求书1页　说明书5页　附图2页

(54) 发明名称
　　一种基于 GPS 定位的光伏追踪发电方法

(57) 摘要
　　本发明公开了一种基于 GPS 定位的光伏追踪
发电方法, 其中, 所述方法通过 GPS 定位模块实
现对太阳位置进行探测和计算; 主控制模块根据
GPS 定位模块测算得出的太阳位置信息, 每隔预
设时间 t0 控制光伏组件转动到对准太阳的位置;
反馈式追踪模块测算出在上述转动动作的前后瞬
间光伏组件的功率增量率因子; 所述主控制模块
根据测算出的功率增量值率因子的大小, 控制变更
光伏组件上的光传感器追踪太阳的精度的高低,
从而可以根据太阳光中直接辐射部分的强度改变
光伏组件追踪太阳的精度, 在保持获得高的发电
量增益情况下, 较好地避免了系统因为追踪所引
起的损失。

GPS定位模块对太阳位置进行探测; 当日出信号出
现后, 主控制模块根据GPS定位模块测算计算得到
的太阳位置信息, 控制支撑转动模块每隔一预设时
间将光伏组件转动到对准太阳的方向; —— S1

反馈式追踪模块获取光伏组件在转动前后输出的功
率值, 比较转动前瞬间获取的第一功率值与转动
后瞬间获取的第二功率值的大小, 若第二功率值大
于第一功率值不成立, 则延时所述预设时间, 再次
进行所述第一功率值与第二功率值的比时 —— S2

计算出功率增值率因子; 主控制模块根据此功率增
值率因子设置反馈式光探测器追踪太阳的精度, 并
控制支撑转动模块转动光伏组件, 将反馈式光探测
器追踪太阳的精度调整为所设置的精度。 —— S3

CN 103353769 B

权 利 要 求 书

　　1. 一种基于 GPS 定位的光伏发电方法, 其特征在于, 所述方法包括步骤:
　　A.GPS 定位模块对太阳位置进行探测; 当日出信号出现后, 主控制模块根据 GPS 定位模
块探测计算得到的太阳位置信息, 控制支撑转动模块每隔一预设时间将光伏组件转动到对
准太阳的方向;
　　B. 反馈式追踪模块获取光伏组件在转动前后输出的功率值, 并比较转动前瞬间获取
的第一功率值与转动后瞬间获取的第二功率值的大小, 若第二功率值大于第一功率值不成
立, 则延时所述预设时间, 再次进行所述第一功率值与第二功率值的比对; 否则, 进入下一
步;

(19)中华人民共和国国家知识产权局

(12)发明专利申请

(10)申请公布号 CN 107738734 A
(43)申请公布日 2018.02.27

(21)申请号 201710822989.8

(22)申请日 2017.09.13

G08B 21/08(2006.01)

(71)申请人 广东永光新能源设计咨询有限公司
地址 528300 广东省佛山市顺德大良街道
办事处府又居委会东康路德富楼二层
4号铺之一
申请人 顺德中山大学太阳能研究院

(72)发明人 孙韵琳 雷岳轩 陈荣荣 屈柏耿

(74)专利代理机构 广州新诺专利商标事务所有
限公司 44100
代理人 曹爱红

(51)Int.Cl.
B63C 9/00(2006.01)
B63C 9/13(2006.01)
G01S 19/42(2010.01)

权利要求书1页 说明书3页 附图1页

(54)发明名称
一种基于光伏智能救生圈的救援系统

(57)摘要
一种基于光伏智能救生圈的救援系统,包括救生圈还包括:救援操控装置和电源装置,均设于所述救生圈,电源装置为所述救援操控装置供电,所述救援操控装置用于发送救援信息;救援服务器,用接受所述救援信息,以提示救援人员启动救援行动;所述救援信息包括求救信号、所述救生圈的地理位置信息和所述电源装置的电量信息。救援操控装置可以向和救援服务器发送求救信号、所述救生圈的地理位置信息和所述电源装置的电量信息,救援人员通过地理位置信息可以获知待解救人员的实时位置,同时,通过电量信息可以了解紧急程度,大致判断出救援剩余的最佳时间,合理地调度救援资源,大大增加了救援的成功率和救援的效率。

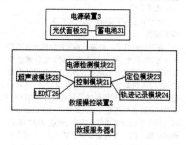

CN 107738734 A

1.一种基于光伏智能救生圈的救援系统,包括救生圈,其特征在于,还包括:
救援操控装置和电源装置,均设于所述救生圈,电源装置为所述救援操控装置供电,所述救援操控装置用于发送救援信息;
救援服务器,用于接收所述救援信息,以提示救援人员启动救援行动;
所述救援信息包括求救信号、所述救生圈的地理位置信息和所述电源装置的电量信息。
2.根据权利要求1所述的基于光伏智能救生圈的救援系统,其特征在于,所述救援操控装置包括:

(19)中华人民共和国国家知识产权局

(12)发明专利申请

(10)申请公布号 CN 107464432 A

(43)申请公布日 2017.12.12

(21)申请号 201710559088.4

(22)申请日 2017.07.11

(71)申请人　佛山职业技术学院
　　　　地址　528137 广东省佛山市三水区乐平镇
　　　　　　　职教路3号

(72)发明人　屈柏耿　段春艳　李柏青

(74)专利代理机构　深圳市君胜知识产权代理事
　　　　　　　　　务所(普通合伙) 44268
　　　代理人　王永文　刘文求

(51)Int.Cl.
　　　G08G 1/09(2006.01)
　　　G08G 1/0955(2006.01)
　　　H02J 7/35(2006.01)
　　　B60L 11/18(2006.01)

权利要求书3页　说明书8页　附图2页

(54)发明名称
　　一种控制光伏无人机群疏导高速公路交通
的系统和方法

(57)摘要
　　本发明公开了一种控制光伏无人机群疏导
高速公路交通的系统和方法,采用离网光伏发电
系统、第一充电平台、信息处理模块、第二充电平
台和通过包括多个无人机,多个所述无人机编组
为多组可实现不同功能的无人机组的无人机群,
其中一组为信号灯无人机组,所述信号灯无人机
组包括至少两架第一无人机,所述第一无人机可
接收并执行信息处理模块所发送的指令,飞到堵
塞点,通过信号灯实时指挥和疏导现场交通。本
发明能够通过无人机群实现对高速公路交通的
疏导,避免了高速公路堵车无法疏导和固定信号
灯无法根据高速公路整体和局部实际情况灵活
的切换信号灯的情况,能够动态灵活的结合全面
和局部路况,高效率的来疏导高速公路交通。

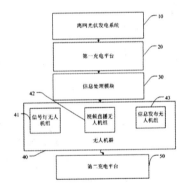

CN 107464432 A

权 利 要 求 书

1/3页

1.一种控制光伏无人机群疏导高速公路交通的系统,其特征在于,所述控制光伏无人
机群疏导高速公路交通的系统包括:

离网光伏发电系统:用于收集太阳能,并将太阳能转化电能进行存储;

与所述离网光伏发电系统连接的第一充电平台:用于调用离网光伏发电系统所存储的
电能、并将其输入无人机进行充电,及对无人机进行电池更换及检修维修;

与所述离网光伏发电系统连接的信息处理模块:用于接收路况检测数据,根据所接收
的路况检测数据,向无人机群发送指令;

与所述第一充电平台和所述信息处理模块连接的无人机群:包括多个无人机,多个所

(19)中华人民共和国国家知识产权局

(12)发明专利申请

(10)申请公布号 CN 107454721 A

(43)申请公布日 2017.12.08

(21)申请号 201710556528.0

(22)申请日 2017.07.10

(71)申请人 佛山职业技术学院
　　地址 528137 广东省佛山市三水区乐平镇
　　　　　职教路3号

(72)发明人 屈柏耿　李柏青

(74)专利代理机构 深圳市君胜知识产权代理事
　　　　　务所(普通合伙) 44268
　　代理人 王永文　刘文求

(51)Int.Cl.
　　H05B 37/02(2006.01)

权利要求书1页　说明书7页　附图2页

(54)发明名称
　　一种自感应调光隧道照明系统及其调光控
制方法

(57)摘要

　　本发明公开了一种自感应调光隧道照明系
统及其调光控制方法,其中,所述自感应调光隧
道照明系统包括亮度检测模块、数据处理模块、
调光模块和照明模块,亮度检测模块检测隧道若
干位置处的亮度信息,数据处理模块根据所述亮
度信息和预存的相对亮度列表输出调光控制信
号至调光模块,调光模块根据调光控制信号输出
功率控制信号至照明模块,照明模块根据功率控
制信号控制隧道内若干位置处的光源输出功率,
能综合检测到的隧道亮度信息以及预存的相对
亮度表智能控制隧道内的光源输出功率,从而调
整隧道内各位置的亮度,当用户驾驶车辆进出隧
道及在其内部通行时,不论是白天艳阳高照还是
夜晚宁静深沉,均可在隧道内提供明亮、清晰而
且平稳的视觉照明效果。

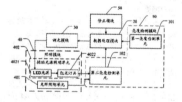

CN 107454721 A

权 利 要 求 书

1/1页

　　1.一种自感应调光隧道照明系统,其特征在于,包括:

　　亮度检测模块,用于检测隧道若干位置处的亮度信息;

　　数据处理模块,用于根据所述亮度信息和预存的相对亮度列表输出调光控制信号至调
光模块;

　　调光模块,用于根据所述调光控制信号输出功率控制信号至照明模块;

　　照明模块,用于根据所述功率控制信号控制隧道内若干位置处的光源输出功率。

　　2.根据权利要求1所述的自感应调光隧道照明系统,其特征在于,所述亮度检测模块包
括:

(19)中华人民共和国国家知识产权局

(12)发明专利申请

(10)申请公布号 CN 107891800 A

(43)申请公布日 2018.04.10

(21)申请号 201710961995.1

(22)申请日 2017.10.16

(71)申请人　佛山职业技术学院
地址　528137　广东省佛山市三水区乐平镇
职教路3号

(72)发明人　屈柏耿　李柏青　许琪东

(74)专利代理机构　深圳市君胜知识产权代理事
务所(普通合伙) 44268
代理人　王永文　刘文求

(51)Int.Cl.
B600 1/04(2006.01)
B600 1/08(2006.01)
B600 1/12(2006.01)
F21S 41/12(2018.01)
F21S 41/16(2018.01)

F21S 41/33(2018.01)
F21W 107/10(2018.01)

权利要求书1页　说明书5页　附图3页

(54)发明名称
基于激光照明的防眩光汽车大灯灯组及其
照明控制方法

(57)摘要
本发明公开了一种基于激光照明的防眩光
汽车大灯灯组及其照明控制方法,所述汽车大灯
灯组包括:激光源,其功率可调,用于发射激光;
曲面反射组,有变曲率反射曲面,所述变曲率反
射曲面用于将激光源所发射激光进行反射,使反
射后的激光光束远处光斑宽度大,近处光斑宽度
小;通过变曲率反射曲面的光比分配控制,近距
离的反射光能量比例低,而距离越远反射光的能
量比例越大,最终得以实现亮度均匀的输出光
斑;伺服调节组,与所述曲面反射组连接,用于调
节曲面反射组位置姿态。本发明所提供的大灯灯
组,远、近距离的光斑亮度均匀,驾驶员没有大
灯光远近切换时的跳变,人眼感觉更舒适,也避
免产生行人或其他车辆驾驶员无法适应的光亮
感觉。

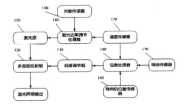

CN 107891800 A

权 利 要 求 书

1.一种基于激光照明的防眩光汽车大灯灯组,其特征在于,所述基于激光照明的防眩
光汽车大灯灯组包括:

激光源,其功率可调,用于发射激光;

曲面反射组,设置于所述激光源周围,设置有变曲率反射曲面,所述变曲率反射曲面用
于将激光源所发射激光进行反射,使反射后的激光光束远处光斑宽度大,近处光斑宽度小,
且通过光比控制获得亮度均匀的光斑;

伺服调节组,与所述曲面反射组连接,用于调节多曲面发射组位置姿态。

2.根据权利要求1所述的基于激光照明的防眩光汽车大灯灯组,其特征在于,所述基于

(19)中华人民共和国国家知识产权局

(12)实用新型专利

(10)授权公告号 CN 205490298 U
(45)授权公告日 2016.08.17

(21)申请号 201620226492.0

(22)申请日 2016.03.23

(73)专利权人 佛山职业技术学院
　　地址 528137 广东省佛山市三水区乐平镇
　　　　　职教路3号

(72)发明人 谢永浩　黄君正　翁泽齐　屈柏耿

(74)专利代理机构 深圳市君胜知识产权代理事
　　　　　　　　　务所 44268
　　代理人 王永文　刘文求

(51)Int.CI.
　　H02S 10/20(2014.01)
　　H02S 20/26(2014.01)
　　H02J 7/35(2006.01)
　　E04D 13/18(2014.01)

权利要求书1页　说明书5页　附图4页

(54)实用新型名称
　一种光伏微建筑单体及其组合的多体光伏
微建筑

(57)摘要

　　本实用新型提供的一种光伏微建筑单体及
其组合的多体光伏微建筑,包括:至少一个用于
将其接收到的太阳能转化成电能的光伏组件;用
于将所述光伏组件中输出的电流转换成稳压电
流的光伏控制器;用于对输入的稳压电流进行存
储的蓄电池;用于控制所述单体光伏建筑是否单
独使用的合并/独立开关;以及,用于进行光伏
微建筑单体内电流传输和建立与其他光伏微建筑
单体建立电气连接的直流母线。本实用新型所提
供的建筑单体及其光伏微建筑,可以快速作为供
电空间体,为用户提供充电及报警等服务,满足
用户实际用电的需要。

CN 205490298 U

CN 205490298 U

权　利　要　求　书

1/1页

　　1.一种光伏微建筑单体,其特征在于,包括:光伏微建筑单体本体和设置在所述光伏微
建筑单体本体上的电器组件,所述电器组件具体包括以下内容:
　　至少一个用于将其接收到的太阳能转化成电能的光伏组件;
　　用于将所述光伏组件中输出的电流转换成稳压电流的光伏控制器;
　　用于对输入的稳压电流进行存储的蓄电池;
　　用于控制所述单体光伏建筑是否单独使用的合并/独立开关;
　　以及,用于进行光伏微建筑单体内电流传输和建立与其他光伏微建筑单体建立电气连
接的直流母线;

(19) 中华人民共和国国家知识产权局

(12) 实用新型专利

(10) 授权公告号 CN 203974771 U

(45) 授权公告日 2014.12.03

(21) 申请号 201420377371.7

(22) 申请日 2014.07.09

(73) 专利权人 佛山职业技术学院
地址 528137 广东省佛山市三水区乐平镇学
院路 1 号

(72) 发明人 屈柏耿　段春艳　陈应基　孙韵琳
王文彬　黄佩凤　章大钧

(74) 专利代理机构 深圳市君胜知识产权代理事
务所 44268
代理人 王永文　刘文求

(51) Int. Cl.
B60S 3/04 (2006.01)

权利要求书1页　说明书6页　附图4页

(54) 实用新型名称
一种太阳能光伏洗车机

(57) 摘要
　　本实用新型公开了一种太阳能光伏洗车机,
其包括主机、水桶、水管、水枪,水管的一端连接水
枪,水管的另一端连接主机,所述主机包括直流无
刷电机、进水口、出水管接头和电池组,进水口设
置在主机下部,出水管接头位于主机上方,直流无
刷电机连接出水管接头和电池组,水桶底部设置
有用于将太阳能转换为电能的光伏组件,主机底
部设置有用于接收所述电能并传输给电池组充电
的无线充电模块,无线充电模块与光伏组件磁性
连接。通过光伏组件对主机内的电池组充电,从而
实现将太阳能光伏发电的能量对直流无刷电机供
电,其供电方式环保节能、无需外接市电充电或发
动机充电,大大方便了用户使用,特别适合于户外
露天无市电的汽车用户群体。

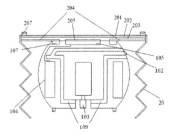

CN 203974771 U

CN 203974771 U　　　　权　利　要　求　书　　　　1/1页

　　1. 一种太阳能光伏洗车机,包括一主机、水桶、水管、水枪,其特征在于,所述水管的一端连接水枪,
水管的另一端连接主机,其特征在于,所述主机包括直流无刷电机、进水口、出水管接头和
电池组,所述进水口设置在主机下部,出水管接头位于主机上方,直流无刷电机连接出水管
接头和电池组,所述水桶底部设置有用于将太阳能转换为电能的光伏组件,所述主机底部
设置有用于接收所述电能并传输给电池组充电的无线充电模块,所述无线充电模块与光伏组
件磁性连接。

　　2. 根据权利要求1所述的太阳能光伏洗车机,其特征在于,所述光伏组件包括依次设
置的透光层、用于吸收太阳能并转化为电能的太阳电池、隔离层和导磁层;所述导磁层的中

(19) 中华人民共和国国家知识产权局

(12) 实用新型专利

(10) 授权公告号 CN 203984335 U
(45) 授权公告日 2014.12.03

(21) 申请号 201420380229.8

(22) 申请日 2014.07.10

(73) 专利权人 佛山职业技术学院
地址 528137 广东省佛山市三水区乐平镇学
院路 1 号

(72) 发明人 屈柏耿 谭建斌 程光蕾 黄灿华
谢达华 曾婵娟 刘娟

(74) 专利代理机构 深圳市君胜知识产权代理事
务所 44268
代理人 王永文 刘文求

(51) Int. Cl.
HO2S 40/32 (2014.01)
HO2J 7/00 (2006.01)

权利要求书1页 说明书6页 附图3页

(54) 实用新型名称
一种光伏施工人员用太阳能充电器

(57) 摘要

本实用新型公开了一种光伏施工人员用太阳
能充电器,与光伏电站的 PV 组件连接,其包括:输
入端子、至少一 USB 接口、DC/DC 变换模块、防反接
保护模块、开关模块和低压保护模块。本实用新型
由输入端子接入 PV 组件,PV 组件输出的电流经过
防反接保护模块和 DC/DC 变换模块,由 DC/DC 变
换模块将 PV 组件输出的直流电降为 5V、1A 的直流
电,再经低压保护模块和开关模块给 USB 接口供
电,实现了为施工人员的手机、移动电源,及标准
USB 供电的仪表等用电设备的正常使用提供电力
能源。

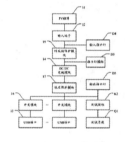

CN 203984335 U

权 利 要 求 书

1. 一种光伏施工人员用太阳能充电器,与光伏电站的 PV 组件连接,其特征在于,包括:
输入端子;
至少一 USB 接口;
用于将 PV 组件输出的电压转换为 5V 直流电的 DC/DC 变换模块;
用于防止反接时损坏 DC/DC 变换模块的防反接保护模块;
用于接通或者断开所述 USB 接口的输出的开关模块;
用于根据 PV 组件输出电压值,控制开关模块的工作状态的低压保护模块;
所述输入端子连接所述 PV 组件和防反接保护模块的输入端,防反接保护模块的输出

附录 4　推荐的常用信息来源

（1）专业网站：ofweek 太阳能光伏网等，http：//solar. ofweek. com/。

（2）微信："光伏资讯""SOLARZOOM 光伏太阳能网"等。

（3）微信群：公共群、学校的群、班级的群、同学等途径进入的私人性质群。

附录 5　常用的软件工具及资源

（1）太阳测量师；

（2）智能测量尺；

（3）NASA 数据库：

https://eosweb. larc. nasa. gov/cgi – bin/sse/grid. cgi？ email = q1206@139. com

（4）SolarMeteo 数据，http://www. solarmeteo. com。

附录6　光伏基础、摄影时机与房子选购

离网光伏系统设计，可涉及的知识面非常广。

其实，细思之下，行业、学科等，本就是有相通的。想要能够设计搭建并基本运行一套离网光伏系统，在充分完成了本书任务之后，相信已可实现且不会出现什么严重的问题。但若要进一步提高到一定的水准，人的因素可能就需要更多地体现了。除了需要考虑地质、极端天气、自然灾害等更多因素以外，甚至可以包括文化、宗教、风俗、业主的个人素养，等等，不一而足。

有一次，在山东出差时，意外地发现原来光伏应用中的一些基础知识，对摄影时机的选择居然也是挺有价值的。比如，第一篇基础知识体系中太阳高度角和方位角的规律，对离网光伏系统的设计、施工都相当重要。而用在摄影上，我们用同一天去比较，比如我国北方的烟台和南方的海南。由于纬度的不同显然同一时间烟台的太阳高度角较低，所拍摄照片的海鸥其身体细节，尤其眼神光的表现力会有更为惊艳的效果。

作为抛砖引玉，此处权且附上笔者当时拍摄的四张照片，如附录图1～附录图4所示。

同理，对同一地点而言，冬天阳光的感染力也会优于夏日。

附录图1　烟台大学东门海滩上拍摄的海鸥（一）

附录图 2　烟台大学东门海滩上拍摄的海鸥（二）

附录图 3　烟台大学东门海滩上拍摄的海鸥（三）

附录图 4　烟台大学东门海滩上拍摄的海鸥（四）

　　显然，对于拍摄海鸥之类题材，有了较低的太阳高度角，加上比较通透的空气，同时太阳辐射强度也较高，那已是成就了近乎完美的光影先决条件。若再配合抓拍的手感、较好的器材（尤其是在连续对焦的速度和精度上），那么可以拍出超越笔者这四张照片的效果，相信必定会是指日可待的。

　　而选购房子，可以说是我们人生中相当重要的一件大事情。通风是一个重要因素，其实光伏设计也有这方面需求，更多的是关注散热的条件、风载荷及共振的概率和风险、支架强度等方面。只是这方面涉及的专业内容，尤其一些深入的计算，对常规应用而言常常较为艰涩难懂。鉴于笔者在这方面的实战经历和思考均为相当有限，所以本书中没有提及过多的表述和观点。而对这方面有兴趣的读者，非常值得专门找一些相关的专业资源去做进阶的修为。

　　同时，阳光的照射情况对房子当然也是非常重要的一个因素。若可选择有配置南阳台的毫无疑问是首选，一年之中可以有多少天的阳光会直接照射覆盖在阳台上，对家人是一种非常重要的愉悦。甚至，我们还可以细致到具体全年每一天阳光照射进阳台能有多少个小时的时间。而对于冬天的阳光，这尤其显得珍贵。当然，若可以分析得更为周全些，比如西边的窗户，在冬天下午可以有满满的温暖西晒阳光照射进屋子；而到了夏天的下午，同样是这扇窗户，却基本上完全没有直射阳光照射到。

　　而事实上，这个我们很轻松就可以实现。上述所有的这些需求，仅凭房地产商提供的一张测绘较为准确的房型图，和本书第一篇所涉及的太阳高度角和方位角规律知识，只要我们将二者结合起来稍加应用，就可以得出相当不错的基本评估结论。

　　当然，若要追求到更为精准，还可以用上光伏专业设计中更为精细的阴影分析和计算机仿真软件等手段。尤其是在分布式屋顶光伏电站，还包括地面大型并网光伏电站，在设计阶段更精细的阴影分析对整个电站项目而言，不但可降低潜在的安全风险，同时也是设计附加价值的体现。

　　在光伏电站项目中，精准的阴影分析是一种投资回报率相当高的关键技术。

附录7　世纪莲体育场离网太阳能路灯

　　世纪莲体育场，一个离网光伏系统应用的典型案例，其外围全部安装了太阳能路灯。由于体育场的圆形特征，在具体施工图纸的布局上我们有很多可思考或改进空间，因此分析起来相当有意思。

　　笔者在课件PPT中选了几个页面的截屏，我们只需在这几张照片里细细观察一下，相信还是能从中找出来不少有价值的信息，如附录图5~附录图8。

现场照片#02　2013年8月9日 09 :23分 C14 – 17区

附录图5　世纪莲体育场太阳能路灯施工现场

　　现场的环境、绿化相当漂亮，安装了很多套离网光伏系统，全都固定在草坪上，高低错落也挺好看，但基本没能找出来什么规律；晚上亮灯后，会把植物照亮。

　　但是，我们很容易就能看到组件上的阴影非常明显。而且看照片，按北京时间标定，马上就要到上午9点了。另外，这是7月份的阳光，按照项目所在广东省佛山地区的辐射规律，属于全年中阴影遮挡非常少的月份。

　　附录图8所示为某政府单位的离网光伏工程实拍照片。附录图8中，特别值得我们第一时间去探究的是，这个工程现场，究竟是先有离网系统还是先有遮挡物，阴影有可能避开吗？

现场照片＃04　2013年10月6日11 :35分 北门

附录图6　世纪莲体育场太阳能路灯白天，接近中午，北门

现场照片＃06　2014年11月6日22 :12分 A14－17区

附录图7　世纪莲体育场太阳能路灯晚上的场景

延伸：佛山市某政府单位的离网光伏工程实拍 2013年7月7日 08 :59分

附录图8　延伸：某政府单位的离网光伏工程实拍

附录8　国家级新能源类专业教学资源库

新能源类专业教学资源库是由天津轻工职业技术学院、佛山职业技术学院和酒泉职业技术学院主持，由涵盖全国20个省市的24所职业院校和24个行业企业共同建设。其中包括9所国家级示范校、5所国家级骨干校、7所省级示范校，有国际国内新能源行业龙头企业和国家、地方新能源主要管理、研究单位。

紧紧围绕国家新能源产业发展，以培养新能源技术技能人才为宗旨，遵循系统设计、合作开发、开放共享、边建边用、持续更新的原则，以能学辅教为基本定位，联合资深行业协会、国内同专业领先的职业院校以及龙头企业，通过整合合作院校、行业协会、企业等资源，采用先进的网络信息和资源开发技术，构建一个代表国家水平、具有国际视野，以学习者为中心的交互式、共享型专业资源库，让学习者乐学、授课者善教、行业企业踊跃参与、社会访客畅游其中，填补新能源类专业教学资源库的空白。

新能源类专业教学资源库主要建设一个资源中心，一个管理与学习平台。资源中心的建设主要包括行业资源、专业资源、课程资源、素材资源、职业培训资源、特色资源六部分。资源建设的路径关系为素材资源——课程资源——专业资源。管理与学习平台是资源库运行的关键要素，主要包括资源管理平台、学习管理平台和门户网站三个平台。

附录 9　常用英文术语（含参数举例）

Peak Power（Pmax）	240 W
Production Tolerance	$-0 +3\%$
Max. Power Current（Imp）	7. 87 A
Max. Power Voltage（Vmp）	30. 5 V
Short Circuit Current（Isc）	8. 66 A
Open Circuit Voltage（Voc）	37. 64 V
Net Weight	20 kg
Dimension（mm）	1 650 × 992 × 45
Max. System Voltage	1 000 VDC
DC – Input	
Min MPP Voltage	100 V
Max MPP Voltage	320 V
Max Input Voltage	400 V
Max Input Current	12. 6 A
AC – Output	
Rated Output Power	1 200 W
Rated Output Voltage	400 V
Rated Output Frequency	50 Hz/60 Hz
Max Output Current	6. 1 A
Safety Class	I
Enclosure	IP65
Ambient Temperature	$-25℃ \sim +55℃$
DC – Input	
Min MPP Voltage	450 V
Max MPP Voltage	820 V
Max Input Voltage	900 V
Max Input Current	110 A

AC – Output

Rated Output Power	50 kW
Rated Output Voltage	400 V
Rated Output Frequency	50 Hz/60 Hz
Max Output Current	80 A
Safety Class	I
Enclosure	IP20
Ambient Temperature	$-25℃ \sim +55℃$

参 考 文 献

［1］［澳］Wenham S R，Green M A，Watt M E，et al. APPLIED PHOTOVOLTAICS/应用光伏学［M］. 狄大卫，等，译. 上海：上海交通大学出版社，2008.

［2］［意］詹弗兰科·皮斯托亚（Gianfranco Pistoia）. Lithium – Ion Batteries Advances and Applications/锂离子电池技术研究进展与应用［M］. 赵瑞瑞，等，译. 北京：化学工业出版社，2017.

［3］［日］产业技术综合研究所 太阳光发电研究中心编著. 太阳电池の本/太阳电池［M］. 刘正新，沈辉，译. 北京：化学工业出版社，2010.

［4］［美］瑞安·梅菲尔德（Ryan Mayfield）. Photovoltaic Design & Installation for DUMMIES/太阳能光伏发电系统设计及安装［M］. 刘长混，许晓艳，译. 北京：人民邮电出版社，2012.